郵便が語る

台湾の日本時代50年史

玉木淳一

武装姿の台湾原住民

非常郵便の使用例

非常郵便は台湾だけで実施された制度。台湾総督府管内で緊急を要する事変が起きた場合、動員された警察官、軍人などは、台湾内に宛てたものに限り、無料で郵便を出せた。

はじめに

「現在の日本と最も国際的に親しい関係にある国や地域は？」というアンケートを取ったとすれば、おそらく一番になるのが台湾でしょう。共に地震の多発地域であり、大きな被害が出た時には人道的な支援が相互に行われています。コロナウイルス禍の中で一時的にはストップしていますが、それまではお互いに多くの市民が往来して交流を深めてきました。しかしながら、正式には国交を結んではいないという不思議な関係でもあります。

中国との国交を樹立するということは、中華民国すなわち台湾との国交を断つということを意味しています。冒頭で「国や地域」と書いたのは、日本が正式には台湾を国として認めていないからなのです。

日本人の若者が台湾を旅した時に、台湾の人々の優しさに触れて、その親日さに感銘を受けることも少なくありません。年配の方から日本語で話しか

けられて驚いた、という話も聞いたことがあります。そう、１９４５年（昭和20）まで、台湾は日本の領土でした。その事実を知っていれば驚く理由はなかったでしょう。しかしながら日本では、教育現場で日本の台湾領有についてしっかりと伝えていないのが現状です。この書籍では実はあまり知られていない「台湾の日本時代」を、郵便物という材料を通して知っていただきたいと考えています。

２０２０年11月に公益財団法人・日本郵趣協会が開催した全国切手展〈ＪＡＰＥＸ２０２０〉では、企画展示として台湾切手展と題し、日本統治時代の台湾の郵便史を紹介しました。この書籍では、そのなかの展示物を中心に、新たな材料も加えて構成をしました。

日本による台湾統治については、日本でも台湾でも、イデオロギーや立場によって肯定的な評価や否定的な評価に分かれています。ここでは出来る限りニュートラルな立場で、「台湾の日本時代」を示していきたいと思います。

台湾総督府（現・中華民国総統府）

もくじ

コラム

美麗島メモリアル

台湾南部・高雄市全景

戦前の台湾地図

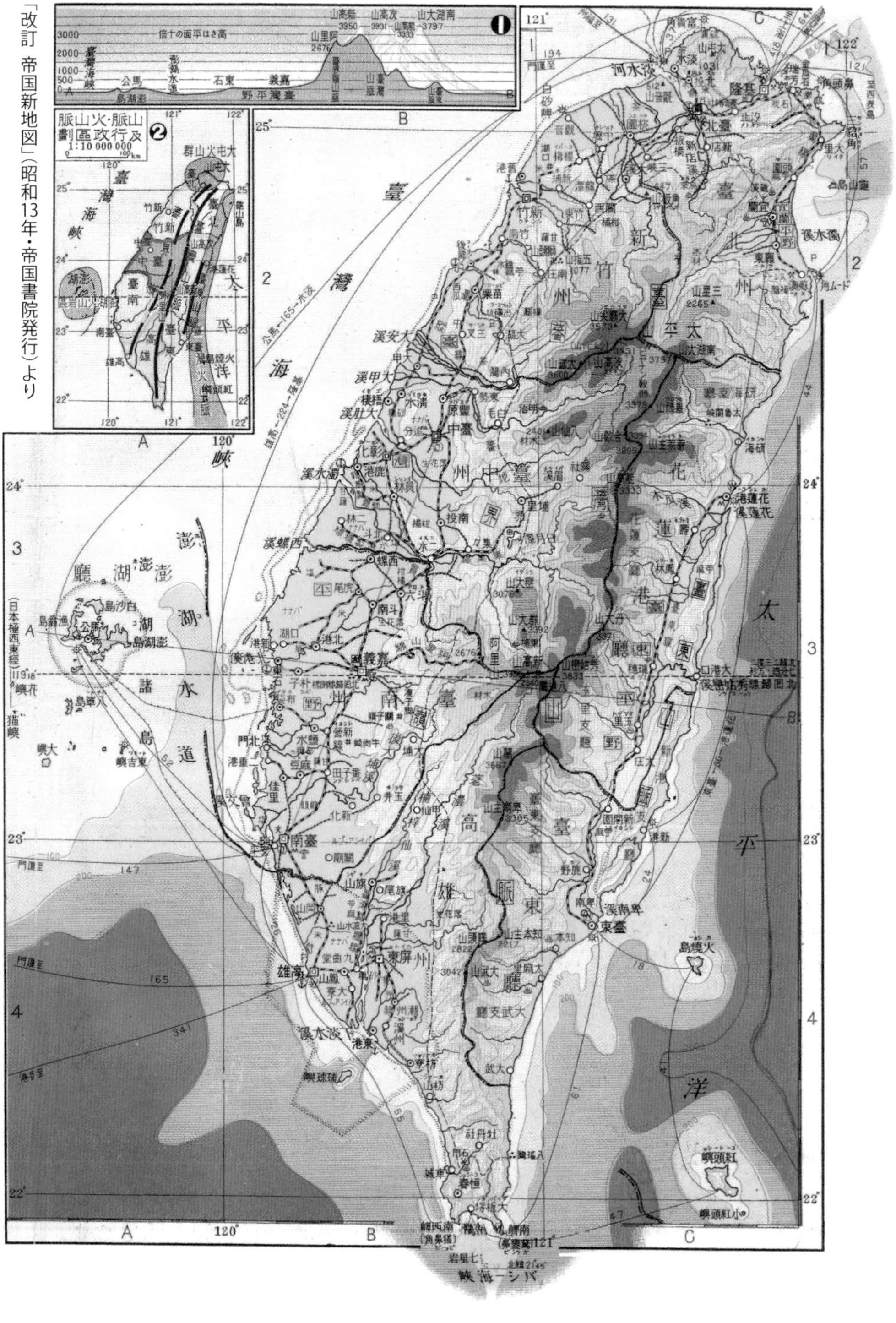

「改訂 帝国新地図」（昭和13年・帝国書院発行）より

第一章

台湾接収

上・台湾北部、淡水河に架橋を施し、軍馬とともに進軍する日本軍。
明治28年（1895）10月12日撮影。 国立国会図書会所蔵「日清戦争写真帖」より

下・台湾民主国の国旗「藍地黄虎旗」。戦利品として日本に運ばれ、皇宮の「振天府」に収蔵される。明治41年（1908）、台湾総督府博物館は宮内省の同意を得て、画家・高橋雲亭にオリジナルの複製を依頼。完成後、台湾総督府博物館のコレクションとなる。現在は国立台湾博物館の収蔵品。

日清戦争停戦後 —— 明治28年・台湾南部の日本軍

▲▼ともに10月12日撮影　上・台湾南部、東港を砲撃。／下・東港河を徒歩で渡る。

▼9月22日撮影　南進軍司令部陸海軍将校及び同相当官

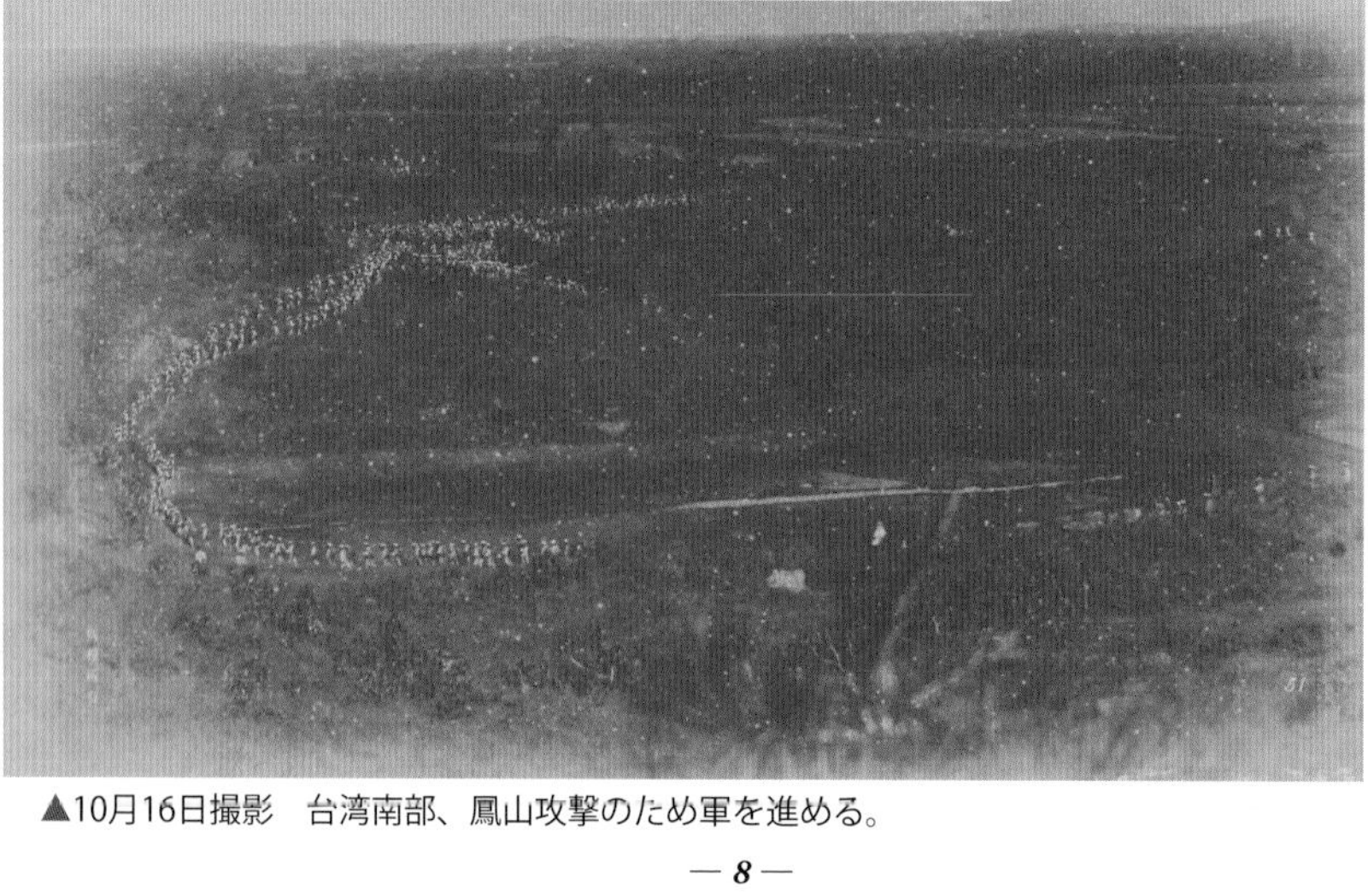

▲10月16日撮影　台湾南部、鳳山攻撃のため軍を進める。

美麗島メモリアル

「日清戦争写真帖」より

▲10月14日撮影　東港の兵站司令部前に、食糧や軍馬用のまぐさを陸揚げ。

▲11月５日撮影　台南における台湾戦戦死者の慰霊

▼10月26日撮影　台南城内に設置の近衛師団病院の患者たち

▲10月７日撮影　澎湖島馬公湾に碇泊中の巡洋艦吉野。明治25年(1892)進水。完成当時、世界で最速の軍艦。

＊美麗島：ポルトガル語 Ilha Formosa の漢訳。台湾の異称。

日清戦争の結果、日本にとって初の海外領土となった台湾。しかし、不満をもつ駐台清国官僚や兵士、台湾住民も多く、台湾民主国として独立を宣言します。この事態に日本政府は、近衛師団を基幹とする軍隊を派遣し、台湾の接収を進めることになりました。

現地の抵抗と日本軍の南下

■初めて獲得した海外領土

日清戦争停戦後の明治28年（1895）4月17日、清国との間で下関講和条約が締結されました。この条約には、日本に台湾および澎湖《ほうこ》諸島、遼東半島を割譲するという内容が含まれていました。遼東半島については、ロシア、ドイツ、フランスによる三国干渉によって清国に還付されることになりましたが、現在の中華民国（台湾）領土のほとんどが、この時に日本の領土になりました。日本にとっては、初めて獲得した海外領土です。

しかしながら、この決定に不満を持つ駐台清国官僚や兵士、住民も多く、駐台清国官僚の最高位である台湾巡撫《じゅんぶ》の唐景崧《とうけいしゅう》を総統とする台湾民主国が、5月25日に台北《たいほく》で独立式典を挙行しました。台湾民主国は独自の紙幣や郵便切手（図1）も発行しています。

一方、日本側は5月10日、台湾総督に樺山資紀《すけのり》海軍大将を任命、台湾接収のために近衛師団（師団長・北白川宮能《よし》久《ひさ》親王中将）を派遣、下関条約前に澎湖諸島を占領していた混成枝隊と合流して、5月29日に台湾東北部、澳底《おうてい》に上陸、6月5日には北部の要衝、基隆《キールン》を占領しました。

この日、唐景崧はドイツ商船に乗船し、対岸の厦門《アモイ》に逃亡、この時、多額の公金も持ち逃げしたと言われています。総統の逃亡、日本軍の接近の報を受けて、台北市内は大混乱となり、清国兵による住民への略奪行為などが起こりました。そこで台北商人の有力者、辜顯榮《こけんえい》が基隆の日本軍を訪問、早期の

図1　台湾民主国の切手

切手の発行は明治28年８月頃と思われる。30銭（緑）、50銭（朱）、100銭（紫）の３種がある。薄い手漉き紙に一頭の虎の図案が描かれていて、台湾では独虎票と呼ばれている。

写真提供：切手の博物館

明治28年・台湾接収時の日本軍の南下

日本軍の上陸地点は澳底とされているが、台湾の文献では「日本軍の地図がおそまつで（やや南に位置する）塩寮を澳底と間違えた」（台湾史小辞典）とするものもある。

※日本統治下の台湾の地名は、当時の日本語読みで統一しています。

台北進軍を要請。道案内を買って出て、6月7日、日本軍は台北に無血入城を果たしました。また台北にいた外国人商人やジャーナリストも、日本軍に同様の働きかけをしています。

辜はその後も台湾総督府に深く関わり、実業家として大成功を収める一方、台湾出身者として唯一の貴族院勅選議員となりました。辜はエコノミストとして知られるリチャード・クー氏の祖父にもあたります。

■日本軍の南下

6月17日に、樺山総督は台北で始政式を挙行しました。台湾民主国は台南《たいなん》に遷都し、劉永福《りゅうえいふく》将軍を二代目総統に任命、義勇兵などを中心に各地での抵抗を続けました。近衛師団は7月22日に新竹《しんちく》を、8月29日に彰化《しょうか》を占領するなど南下を続けましたが、兵力の消耗も激しく進軍を休止します。

台湾総督府は9月16日、副総督高島鞆《とも》之助中将を司令官とする南進軍 ― 近衛師団、第二師団（師団長乃木希典中将）、混成第四旅団（旅団長伏見宮貞愛《さだなる》親王少将）を編成、近衛師団は10月9日、嘉義《かぎ》を占領、第二師団は枋寮《ほうりょう》付近に上陸、混成第四旅団は布袋嘴《ほていし》港付近に上陸し、三方向から台南を目指しました。

10月19日、劉永福は厦門に逃亡、台南では残された清国兵による住民への略奪行為が頻発、英国人宣教師バークレーとファーガソンが台南入城を要請し、10月21日、第二師団が無血入城を果たしました。

続いて台南入りした近衛師団でしたが、北白川宮師団長はマラリアのため、10月28日に台南で薨去《こうきょ》されています。北白川宮能久親王はのちに台湾神社（18ページ参照）、台南神社など、台湾各地に建立される神社の主祭神になっています。また日清戦争勝利記念の切手（図2）に肖像画が使用されています。

　台南の占領によって台湾平定に目途がたった台湾総督府でしたが、住民による義勇軍の抵抗は根強く、各地での戦闘は続き、軍政から民政に切り替わったのは翌明治29年4月1日のことでした。

■野戦郵便局の開設

　民政移行までに動員された日本軍将兵のために、郵便局が開設されました。戦争や事変で動員された将兵のために軍事郵便という制度があり、戦地からは無料で郵便を出すことができました。戦地には野戦郵便局が開設されましたが、台湾で使用された郵便印は初期のもの（次ページ図3）をのぞき、野戦郵便局ではなく、台湾郵便局という名称を使用しています。接収のために軍隊を動員はしていますが、戦争終結後の活動であるという立場を配慮したものだと思われます。野戦郵便局は、全部で20局が開設されました（表1・14ページ図4〜6）。

　民政移行後は普通郵便局に切り替えられましたが、地名入りの新しい郵便印の調達が間に合わず、臨時の代替として使用された第二十一局（図7）と第二十四局の使用例が報告されています。

図2　日清戦争勝利記念切手

切手に描かれた北白川宮能久親王。下は切手の原画になったエドワルド・キヨッソーネのコンテ画。

北白川宮能久親王と有栖川宮熾仁親王

日清戦争勝利記念切手の図案には、陣中で病を得て薨去された二人の皇族の肖像画が採用された。熾仁（たるひと）親王は広島の大本営で腸チフスを発症された。皇族の肖像が使用された切手は戦前ではこの例があるだけで、戦後は皇太子御成婚記念（昭和34年）までなかった。

日清戦争勝利記念切手に描かれた有栖川宮熾仁親王。

表1　台湾に設置された野戦郵便局

野戦郵便局名	所在地	開局日
混第一野戦郵便局	澎湖(馬公)	明治28.3.27
混第一野戦郵便局	基隆	明治28.6.10
第一(壱)台湾郵便局	基隆	明治28.7.9
第二(貳)台湾郵便局	台北	明治28.7.9
第三(参)台湾郵便局	新竹	明治28.7.19
第四台湾郵便局	後壠	明治28.8.18
第五台湾郵便局	大甲	明治28.9.1
第六台湾郵便局	彰化	明治28.91
第七台湾郵便局	北斗	明治28.10.12
第八台湾郵便局	嘉義	明治28.10.12
第九台湾郵便局	打狗	明治28.10.24
	茅港尾	明治28.11.23
	曾文渓	明治28.12.1
第十台湾郵便局	台南	明治28.10.25

野戦郵便局名	所在地	開局日
第十壱台湾郵便局	茅港尾	明治28.11.6
	阿公店	明治28.11.3
第十貳台湾郵便局	鳳山	明治28.11.8
第十三台湾郵便局	打狗	明治28.11.23
第十四台湾郵便局	恒春	明治28.12.1
第十五台湾郵便局	適蘭	明治28.11.20
第十六台湾郵便局	澎湖(馬公)	明治28.11.25
第十七台湾郵便局	淡水	明治29.1.1
第十八台湾郵便局	雲林	明治29.1.1
第十九台湾郵便局	台中	明治29.3.21
第二十台湾郵便局	蘇澳	明治29.3.21
普通局臨時使用		
第二十一台湾郵便局	枋寮	
第二十四台湾郵便局	苗栗	

明治28年９月19日撮影、台湾基隆に上陸後、台北北門外で休憩する歩兵第五聯隊補充隊の四個中隊。「日清戦争写真帖」より

図３　混第一野戦郵便局

澎湖と基隆は混第一野戦郵便局と同一名称だが、基隆の日付印は局の字がないもの「混第一野戦郵便」が使われた。混は混成枝隊の郵便部による野戦郵便局であることを示す。

◀消印部分

第一章　台湾接収

野戦郵便局とは

野戦郵便局は、戦争や事変の際に戦地に開設された郵便局です。局名に所在地ではなく番号が付されたのは、部隊と共に移動するという性格があったためですが、防諜上の利点も考慮され、戦争の収束期を例外として番号表記が定着しました。海軍では日露戦争から艦船（船）郵便所、のち海軍軍用郵便所という名称が使用されました。

野戦郵便局の所在

軍とともに、野戦郵便局（台湾郵便局）も台湾を南下していく。丸番号は下の消印一覧に照応する。

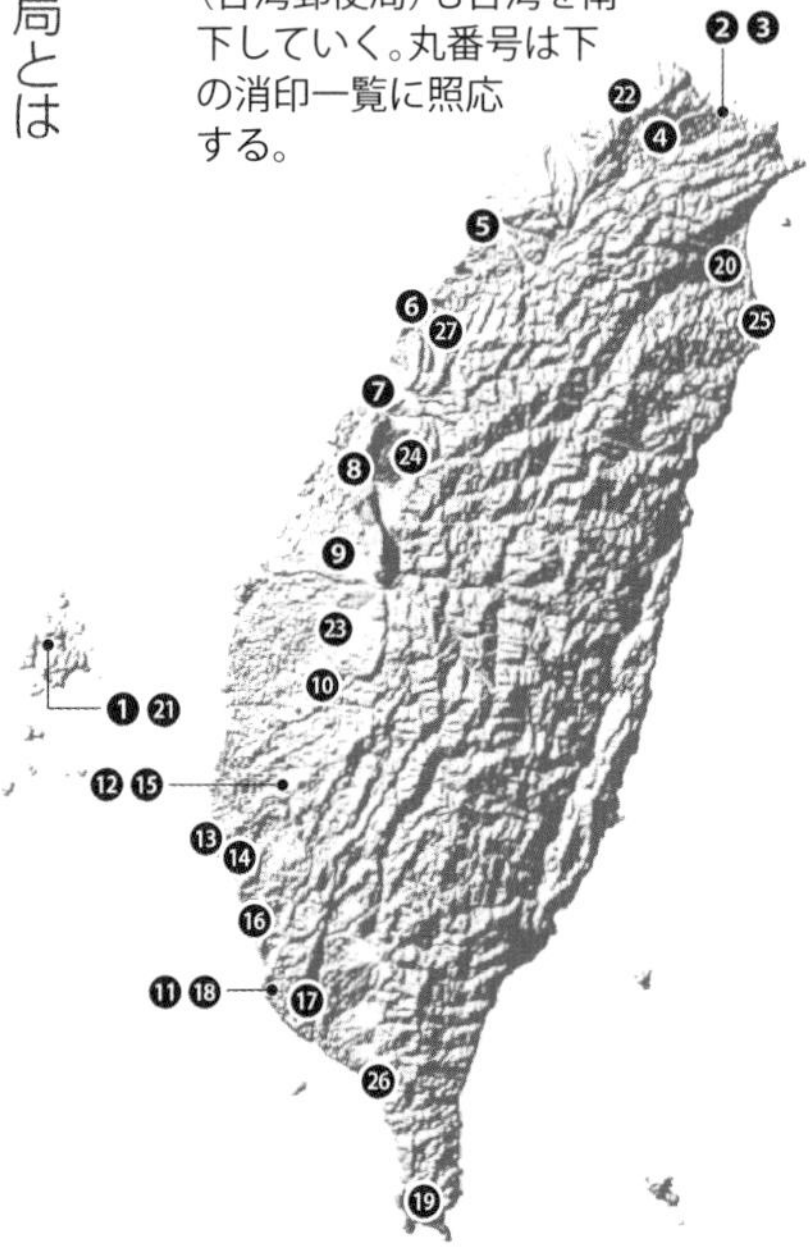

台湾郵便局のエンタイアより

図4　第貳台湾郵便局（台北）

第一、第二、第三局では壱、貳、参の字体も併用。存在数は二が多く、貳は少ない。

野戦郵便局／台湾郵便局の消印一覧

❶混第一（澎湖・馬公）

❷混第一（基隆）

❸第一（基隆）

❹第二（台北）

❺第三（新竹）

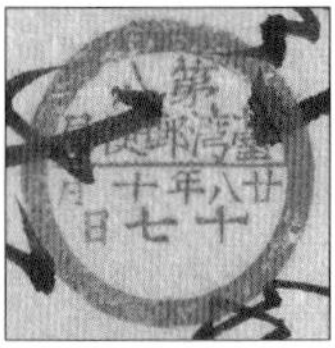

❿第八（嘉義）

⓫第九（打狗）

⓬第九（茅港尾）

未発表

⓭第九（曾文渓）

⓮第十（台南）

⓳第十四（恒春）

⓴第十五（宜蘭）

㉑第十六（澎湖・馬公）

㉒第十七（淡水）

㉓第十八（雲林）

図7　第二十一台湾郵便局（枋寮）

枋寮郵便電信局での臨時使用例。第二十一台湾郵便局の郵便使用例報告はこの１例のみ。

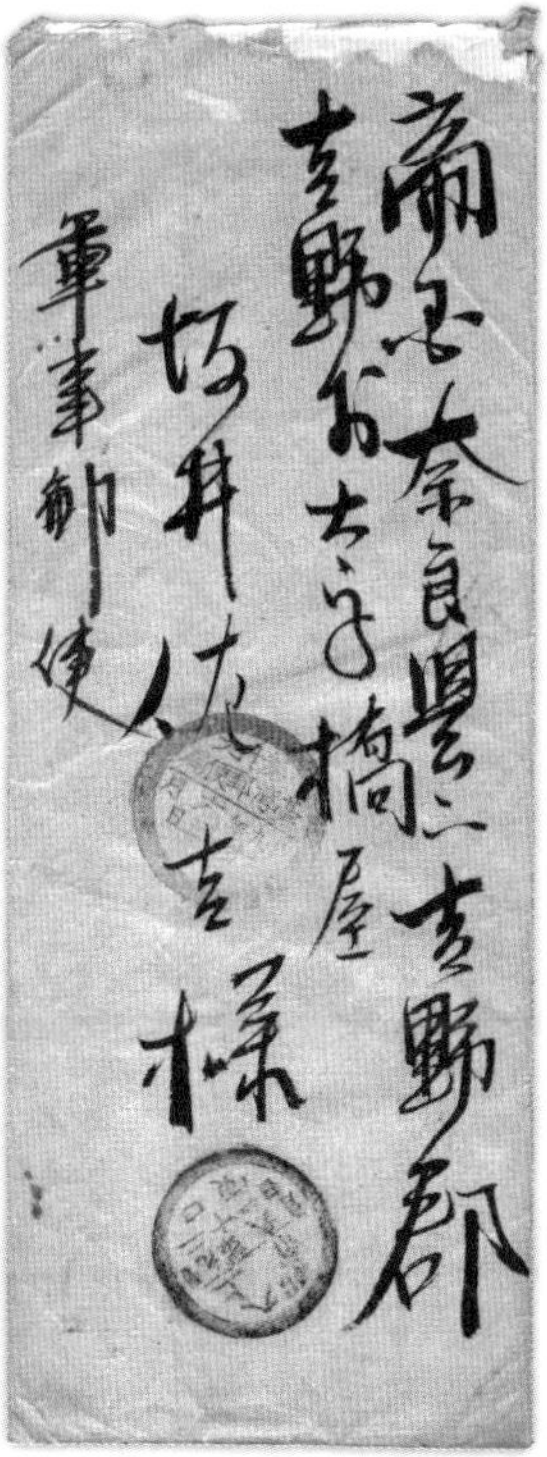

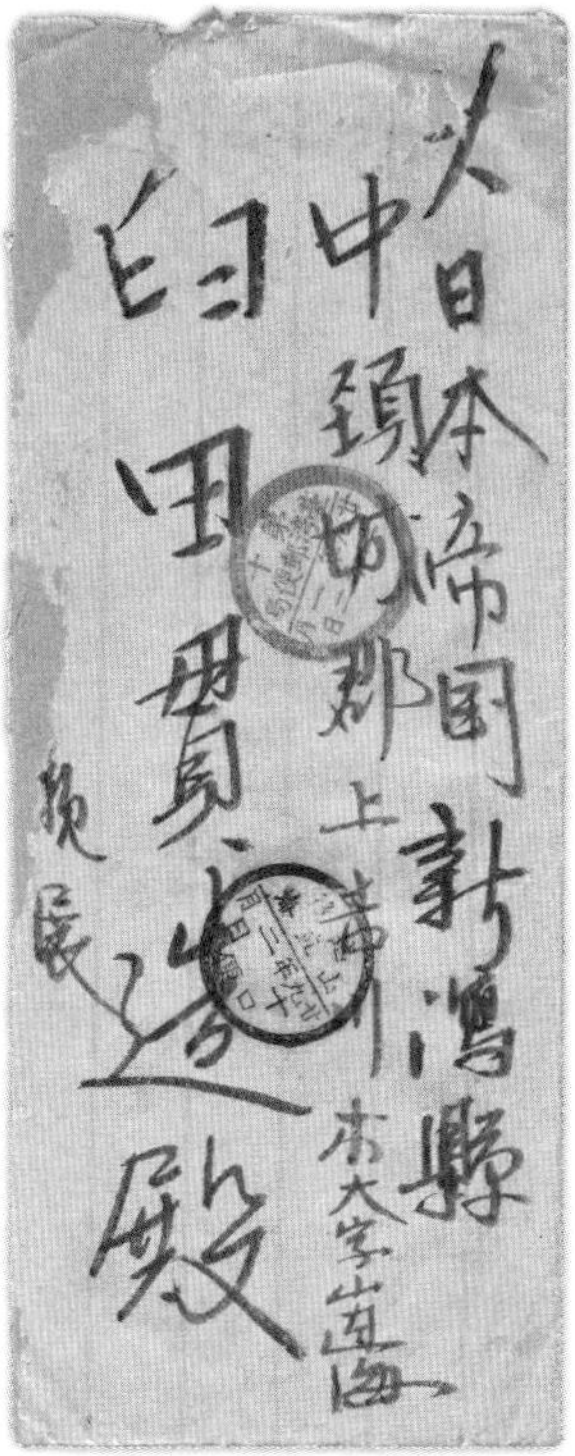

図6　第十九台湾郵便局（台中）

明治29年6月の使用例。台中郵便電信局に改称後も、第十九台湾郵便局の消印が使われた。

図5　第十台湾郵便局（台南）

明治28年12月から台南近郊の安平港と基隆間の航路が開設され、郵便物も逓送された。

普通局の台湾郵便局印・臨時使用

㉖第二十一（枋寮）

⑨第七（北斗）

⑧第六（彰化）

⑦第五（大甲）

⑥第四（後壠）

㉗第二十四（苗栗）

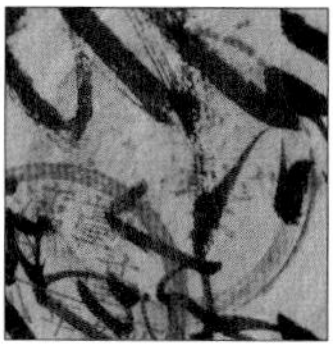

⑱第十三（打狗）

⑰第十貳（鳳山）

⑯第十壱（阿公店）

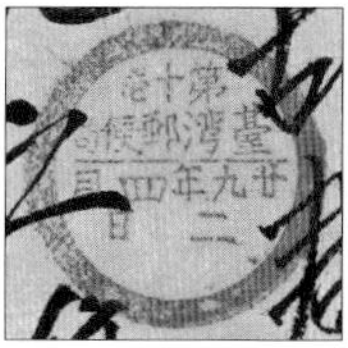

⑮第十壱（茅港尾）

未発表

普通局移行後の使用例

㉖枋寮

＊第十七局（淡水）の印影は、孔繁謀「台湾日據初期之軍事郵便」（2001年）による。

㉕第二十（蘇澳）

未発表

㉔第十九（台中）

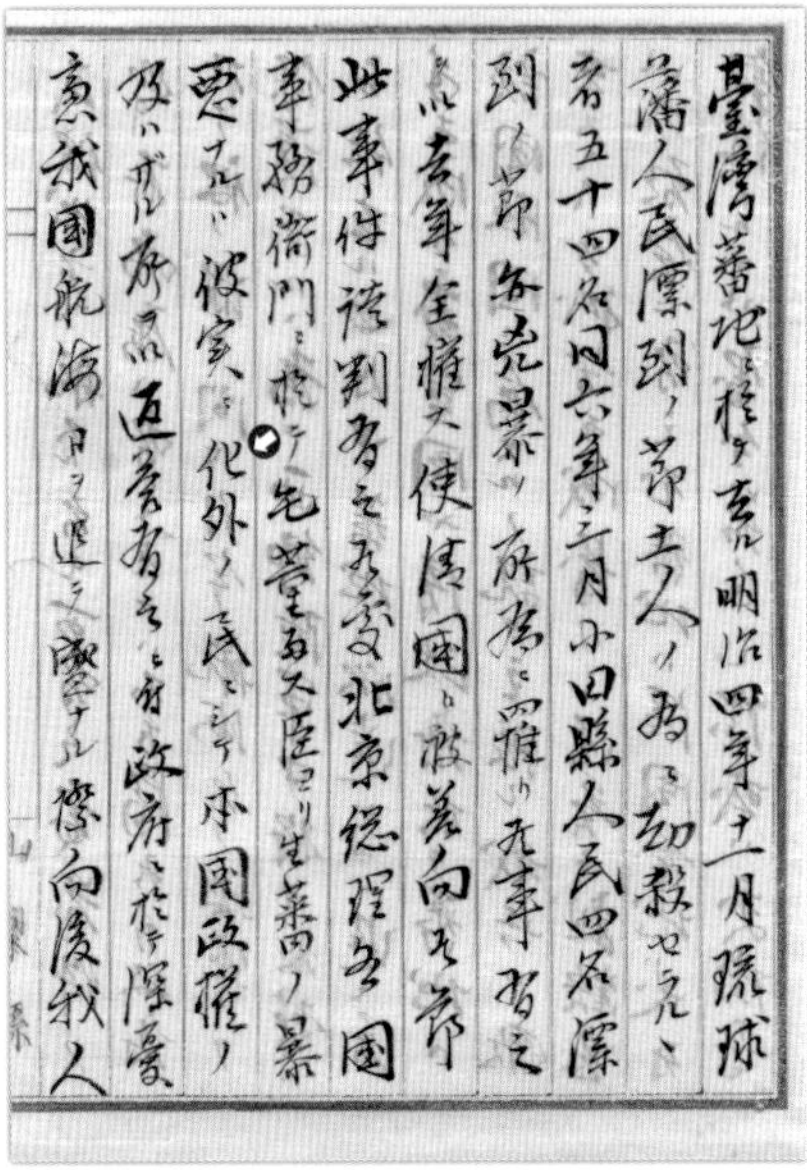

左・山梨権令の藤村紫朗が送った手紙の文面で、清国政府が「化外の民」(◐部分)と回答したことなどが記載されている。
下・討伐軍に加わった熊本鎮台兵が現地から送ったもので、現地から便船で長崎に運ばれたのち、蕃地事務局長崎支局で郵便切手が貼付されて鹿児島に送られた。

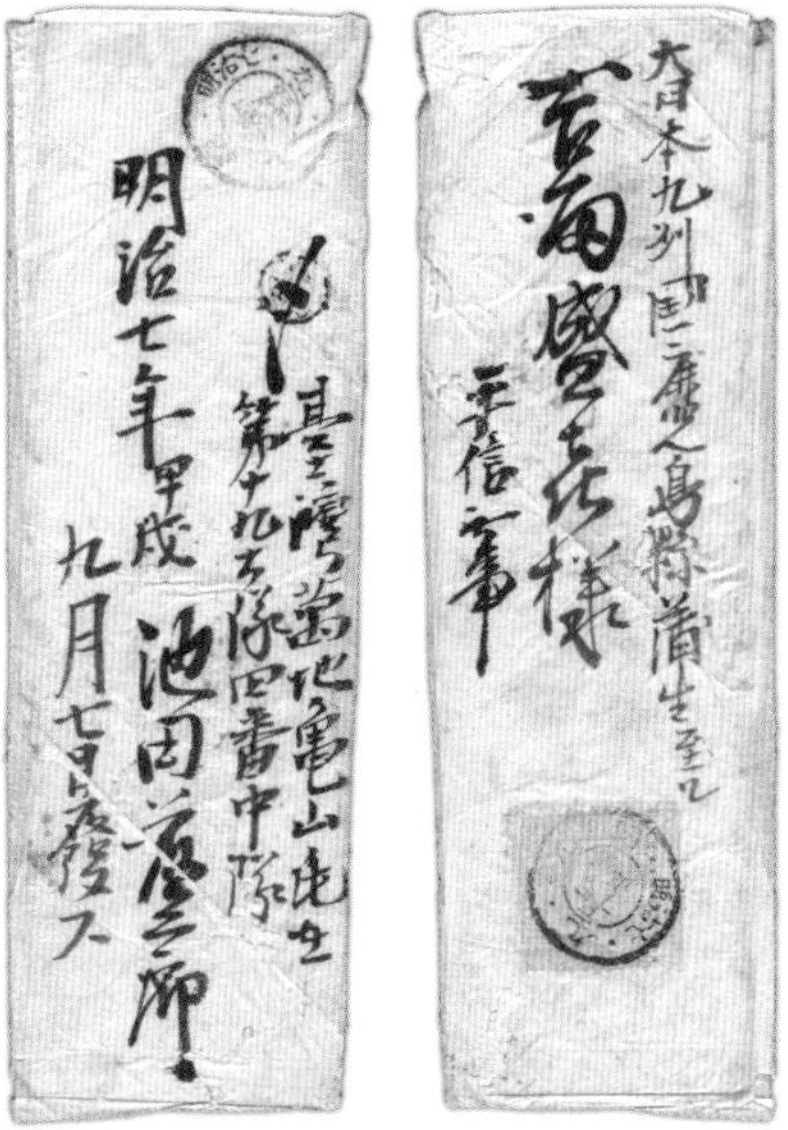

ました。そして清国への懸念がなくなったことから、明治12年(1879)、琉球王国は滅び、沖縄県が設置されることになります。これが歴史上、琉球処分と呼ばれるものです。

日本軍の古戦場、石門(明治七年西郷閣下之苦戦ノ跡)。

コラム

牡丹社《ぼたんしゃ》事件

台湾が日本領土になる前にも、日本軍が台湾に出兵したことがありました。明治４年（1871）10月、暴風雨に巻き込まれた琉球王国宮古島島民66人が台湾南部に漂着、牡丹社（郷）の原住民パイワン族に54人が殺害されるという事件がおきました。

琉球王国は従来、薩摩藩の支配を受けながら清国にも朝貢するという関係を続けており、この事件をめぐり日清両国の外交案件となりました。外務卿副島種臣の問いに対し、清国総理衙門《がもん》（外交官庁）の回答は「琉球は清国の属国で島民は日本人ではない、台湾の生蕃《せいばん》（原住民）は化外の民（けがいのたみ）で本国政権の及ばざる所」というものでした。日本政府は琉球人は日本国民であり、生蕃を管理しないということであれば日本が討伐することを決め、明治７年（1874）５月、西郷従道陸軍中将を台湾蕃地都督に任命、熊本鎮台の歩兵一箇大隊、砲兵一箇小隊を基幹とする軍を派遣、事件のあった牡丹社のパイワン族を討伐するなど、滞在期間は約７ヵ月におよびました。

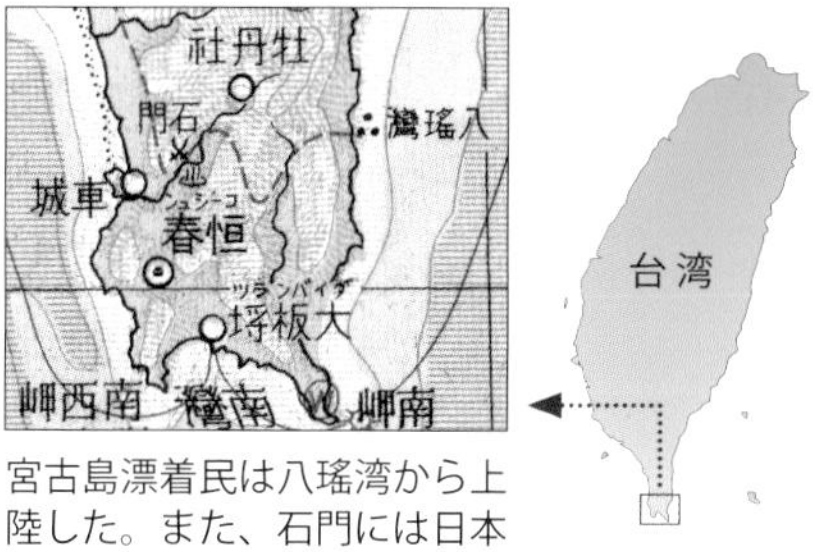

宮古島漂着民は八瑤湾から上陸した。また、石門には日本軍の古戦場跡が残されている。

この出兵は清国との間で摩擦を生みましたが、北京駐在の英国公使ウェードの仲介で和解、清国は琉球人を日本人と認め、事件の賠償金を支払うことを約束、日本は台湾が清国領土であることを認め

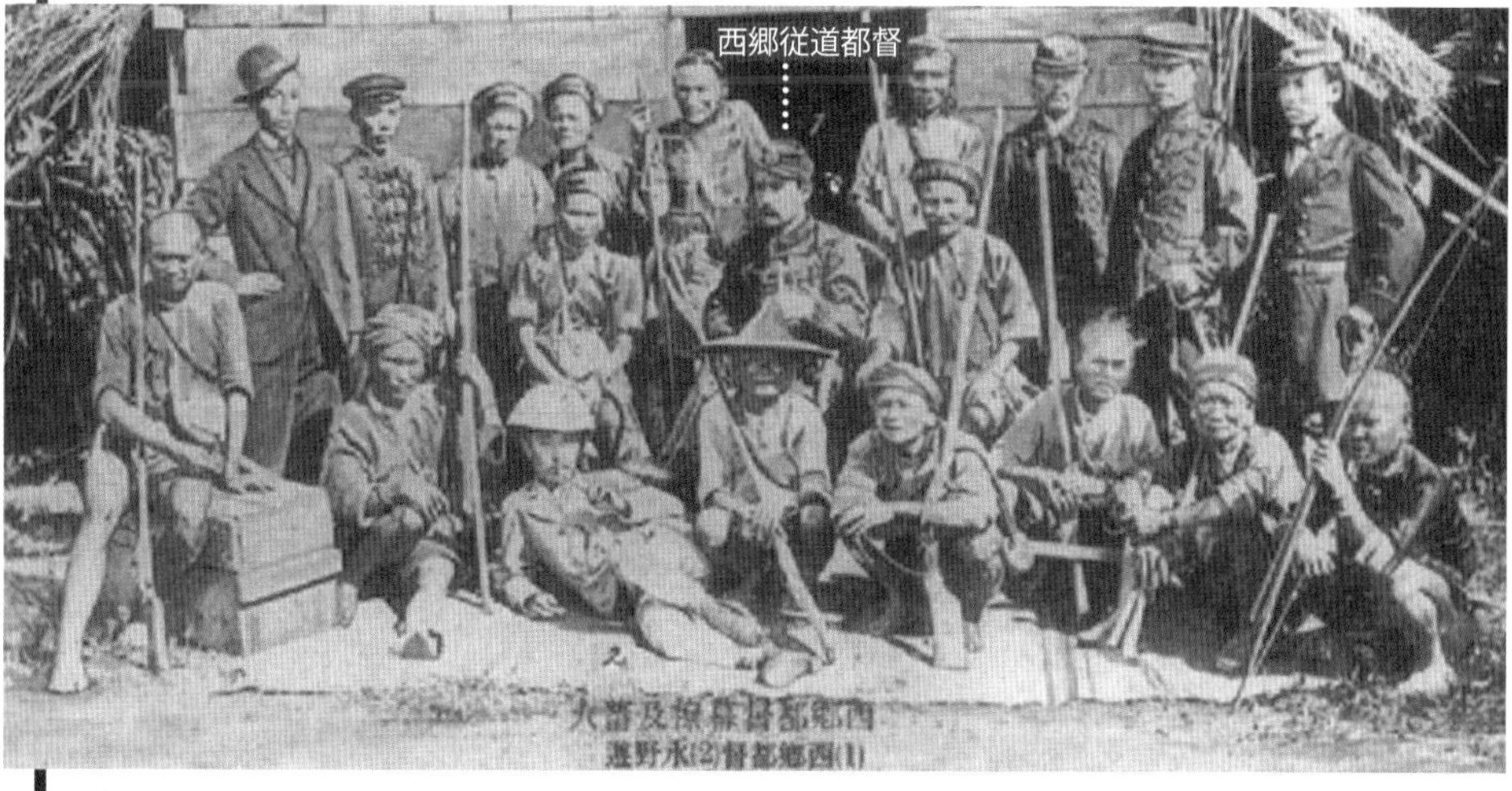

討伐軍の西郷従道都督（中央）と幕僚、及び原住民。台湾南部、恒春の原住民住居の庭前での記念撮影。1908年発行・台湾総督府第13回始政記念絵葉書より。

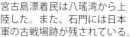

コラム

台湾神社

桃園《タオユェン》国際空港（桃園機場）から台北市内に向かうと、高速道路を降りる少し前、車窓左手の剣潭山《ジャンタンシャン》中腹に、朱色の中国の宮殿を思わせる大きな建物が見えてきます。蒋介石夫人の宋美齢がオーナーだったという圓山《ユェンシャン》大飯店（ホテル）です。この場所にはかつて台湾で唯一の官幣大社、台湾神社がありました。

台湾神社は明治32年（1899）2月に造営を開始し、明治34年（1901）10月20日に落成、27日に鎮座式を挙行、28日には大祭が行われました。この10月28日は台湾神社祭として、日本統治時代は台湾の祝日でした。祭神は開拓三神（大国魂命、大己貴命、少彦名命）と北白川宮能久親王。三基の鳥居には阿里山から切り出されたヒノキが使われました。昭和19年（1944）に天照大神が合祀され、台湾神宮として新社殿が隣接地に造営されました。

台湾神社にはしばしば勅使が皇室から派遣され、台北駅から台湾神社までの街道は勅使街道と呼ばれていましたが、大正12年（1923）年の皇太子の台湾行啓の際に整備され、以降は御成街道とも言われるようになりました。現在の中山北路にあたります。また基隆河に架かる明治橋は戦後、中山《ゾンシャン》橋と改称しました。中山とは孫文の号です。

上・明治28年5月30日、澳底に上陸し、同地で露営する北白川宮。下・台北、台湾神社の遠望。手前に架かるのは明治橋。

32 Distant view of The Taiwan Shrine. Taihoku. （臺北） 臺灣神社の遠望
本島鎮護の神 北白川宮殿下を祀る風光明媚幽邃の境

第二章 台湾総督府

台湾総督府記念絵葉書「始政第12回記念」より。

上・初代から５代までの台湾総督。右から初代樺山資紀、２代桂太郎、３代乃木希典、４代児玉源太郎、５代佐久間左馬太。

下・歴代の民政長官（民政局長官、民政局長）。右から初代水野遵、２代曽根静夫、３代後藤新平、４代祝辰己。

台湾総督府のトップである台湾総督は、その出自から前期武官時代、中期文官時代、後期武官時代にわけることができます。台湾総督は台湾における司法・行政・立法の三権を掌握し、統治にあたりました。

統治の中枢、台湾総督と総督府

台湾総督府は台湾を統治するために設置された行政機関です。そのトップの台湾総督には大きな権限が付与されていました。行政機関の長というだけでなく、管轄区域内に法律の効力を有する命令を発することができ、この総督命令を「律令」と呼びました。高等法院をはじめとする司法組織も指揮下にありました。

また初代から7代総督までは陸海軍の大将または中将が任命され、台湾守備のための軍も委任の範囲内で統率することができました。8代総督からは文官が任命され、軍事権は切り離されましたが、17代総督からは軍出身者が復活しました。特に最後の第19代総督は台湾軍司令官の安藤利吉の兼務で、軍事面も含めて台湾統治の最高責任者となりました。

歴代の台湾総督はそれぞれの在任中に様々な事績を残しましたが、その中でも功績が大きかった総督を三人紹介しましょう。

■総督児玉源太郎と後藤新平

第4代総督児玉源太郎（図1）はナンバーツーといえる民政長官の後藤新平（22ページ図2）とのコンビで大規模な改革に乗り出します。児玉は陸軍次官時代、日清戦争講和後の復員軍人の検疫を担当した後藤の仕事ぶりに注目したことがありました。この二人を台湾に送りこんだのは、第三次内閣を組閣したばかりの伊藤博文でした。

児玉は六県三庁の行政組織を三県四庁に整理縮小、千人以上の冗員を馘首し、財政を健全化、日本政府（第二次山縣有朋内閣）に働きかけて公債募集を実現、その収入で台湾縦貫鉄道、基隆築港、土地調査、監獄改築、官舎建築などの産

図1　児玉源太郎

歴代の台湾総督／民政局長官・民政局長・民政長官・総務長官

台湾総督任命時期	歴代総督名	出自
明治28(1895)5.10	❶樺山資紀（注1）	海軍
明治29(1896)6.2	❷桂太郎	陸軍
〃 10.14	❸乃木希典	〃
明治31(1898)2.26	❹児玉源太郎	〃
明治39(1906)4.11	❺佐久間左馬太	〃
大正4(1915)5.1	❻安東貞美	〃
大正7(1918)6.6	❼明石元二郎（注2）	〃
大正8(1919)10.29	❽田健治郎	文官
大正12(1923)9.6	❾内田嘉吉	〃
大正13(1924)9.1	❿伊沢多喜男	〃
大正15(1926)7.16	⓫上山満之進	〃
昭和3(1928)6.16	⓬川村竹治	〃
昭和4(1929)7.30	⓭石塚英蔵	〃
昭和6(1931)1.16	⓮太田政弘	〃
昭和7(1932)3.3	⓯南弘	〃
〃 5.1	⓰中川健蔵	〃
昭和11(1936)9.2	⓱小林躋造	海軍
昭和15(1940)11.27	⓲長谷川清	〃
昭和19(1944)12.30	⓳安藤利吉	陸軍

任命時期	▼民政局長官
明治28(1895)5.21	①水野遵
	▼民政局長
〃 8.6	水野遵
明治30(1897)7.20	②曽根静夫
明治31(1898)3.2	③後藤新平
	▼民政長官
〃 6.20	後藤新平
明治39(1906)11.13	④祝辰巳（注3）
明治41(1908)5.30	⑤大島久満次
明治43(1910)7.27	⑥宮尾舜治（注4）
〃 8.22	⑦内田嘉吉
大正4(1915)10.20	⑧下村宏
	▼総務長官
大正8(1919)8.20	下村宏
大正10(1921)7.11	⑨賀来佐賀太郎
大正13(1924)9.22	⑩後藤文夫
昭和4(1929)6.26	⑪河原田稼吉
〃 8.3	⑫人見次郎
昭和6(1931)1.17	⑬高橋守雄
〃 4.15	⑭木下信
昭和7(1932)1.13	⑮平塚広義
昭和11(1936)9.2	⑯森岡二朗
昭和15(1940)11.27	⑰斎藤樹
昭和20(1945)1.6	⑱成田一郎

＊総督ほかの名前の丸番号は第何代かを示す。
（注1）副総督　高島鞆之助：明治28(1895)8.21～12.4（陸軍）
（注2）大正8(1919)10.26死去　（注3）明治41(1908)5.22死去　（注4）事務取扱

旧台湾総督府とその内部

台北の専売局阿片工場と阿片吸飲者

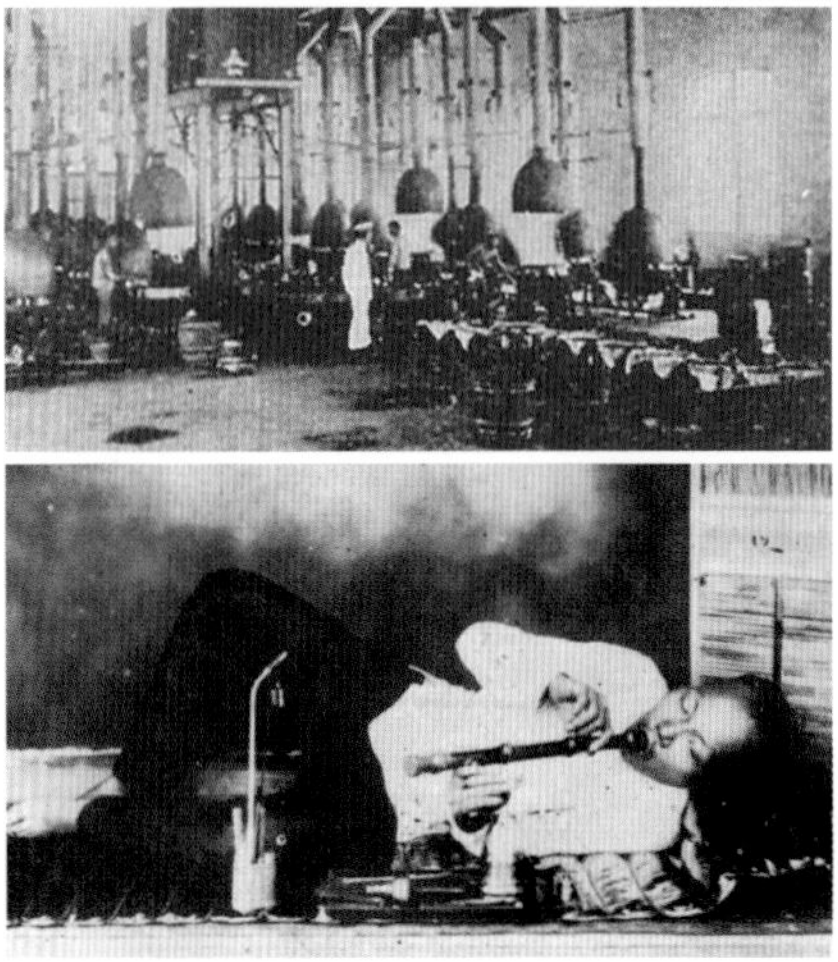

台湾総督府官房文書課「台湾写真帖」（明治41年刊）より。国立国会図書館所蔵

業基盤整備を進めました。

児玉は台湾総督のまま陸軍大臣、内務大臣、文部大臣と、中央の重職を兼務しました。さらに日露関係が緊迫する中、明治36年（1903）10月、参謀本部次長も兼務、さらに日露戦争開戦後の明治37年（1904）6月には満洲軍総参謀長として出征しています。児玉が参謀総長に補され、同時に台湾総督を免じられたのは明治39年（1906）4月11日のことでした。そしてまもなく7月23日、脳溢血で急逝します。台湾総督で内地の要職を兼務した例は、児玉以外にはありません。

台湾を留守がちだった児玉に代わって辣腕をふるったのが後藤で、リストラを断行する一方で優秀な人材を台湾総督府にスカウトしています。土木局の長尾半平、鉄道部の長谷川謹介、臨時土地調査局の中村是公《よしこと》、殖産局の新渡戸稲造、臨時旧慣調査会の岡松参太郎などがあげられます。

後藤はもともと内務省衛生局長時代から阿片問題に関心があり、多くの中毒患者がいる台湾での阿片対策では、内地のような厳禁策をとらずに、現地の実情に合わせた漸禁策を取るべきであるという持論があり、それを実行しました。すなわち、阿片は台湾総督府専売局の管轄として自由貿易を許さず、統制下で特に認めた薬店でのみ販売、医師の認めた中毒患者にのみ購入を許可するというもので、さらに販売価格を大幅に引き上げて税収増も図るというものでした。

図2　後藤新平

明治32年（1899）には台湾銀行を設

▼台北の城壁撤去跡の三線道路。完成は明治43年（1910）頃とされる。

▼台北城の北門は撤去されず、現在まで残されている。

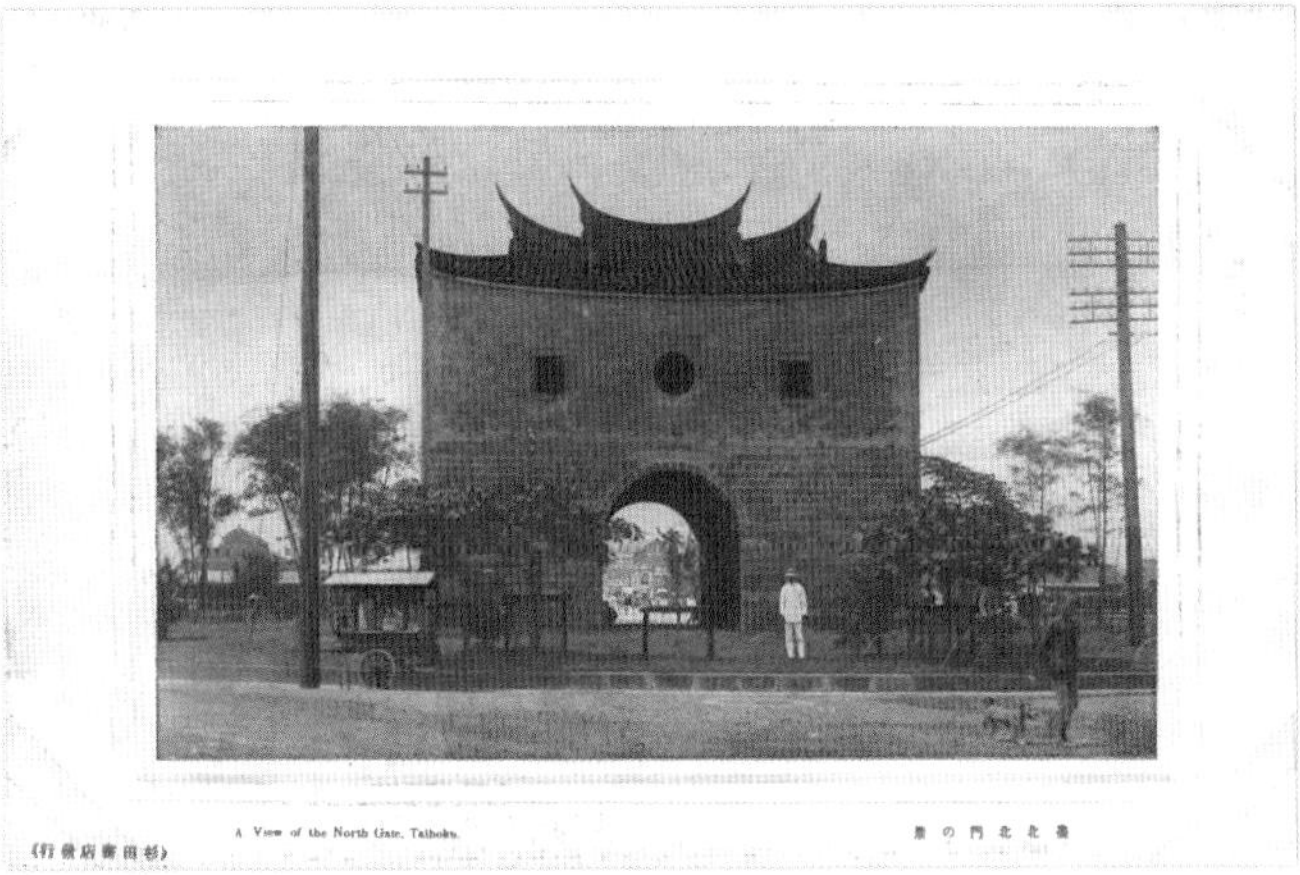

▼台湾鉄道ホテル。明治41年（1908）、台北駅前通りに竣工した。
昭和20年（1945）、米軍による大空襲で焼失。

立、明治37年（1904）には台湾銀行券の発行もはじまり、台湾の貨幣が統一されて経済も上昇することになりました。また台北の都市整備では、長尾半平の提案を受けて城壁を撤去し、三線道路と呼ばれる幹線道路が設けられるなど、交通の便が改善され、大都市への発展への礎を築きます。この時、台北城西門は撤去されましたが、北門、南門、東門は現在でも残っています。門が残されたのは児玉総督の意向と言われています。撤去された城石は下水道の礎石や台北駅、台湾銀行本店などの建築資材として再利用されました。「台湾下水規則」（明治32年4月）、「台

湾家屋建築規則」（明治33年8月）などでは、衛生面を重視した都市基盤の整備が進みました。台湾家屋建築規則では、道路沿いの家屋は庇のある歩道（亭仔脚《ていしきゃく》）を設けなければならないとされました。現在でも台湾の都市部の道路沿いには亭仔脚が多くみられます。

臨時台湾糖務局長を兼任した新渡戸稲造は、台湾の基幹産業として製糖業の振興を企図し、明治34年（1901）「糖業改良意見書」を提出。前後しますが、明治33年（1900）12月には台湾製糖株式会社が設立されています。台湾人の初等教育機関として公学校の制度（明治31年7月）が設けられたのも、児玉・後藤時代でした。

図3　明石元二郎

■総督明石元二郎の時代

第7代総督明石元《もと》二郎（図3）は在任中に逝去した唯一の台湾総督です。在任期間は1年4ヵ月と短期間ですが、台湾電力を設立し、日月潭《じつげつたん》の水力発電事業を推進、また縦貫鉄道中部海岸線開設、世界の華僑からの投資を呼び込むため日本人と華僑の共同出資による華南銀行設立などの事績を残しました。また大規模な水利施設の嘉南大圳《かなんたいしゅう》の計画を承認したのも明石総督の時でした。

大正8年（1919）10月24日、明石は郷里の福岡で生涯を終えますが、遺言により台北の三板橋墓地（現・林森《リンセン》公園）に埋葬されます。林森公園は台北の繁華街・林森北路に面した場所で、遺骨は現在、別の場所に改葬されていますが、墓前に立っていた鳥居は再び林森公園の一角に設置され

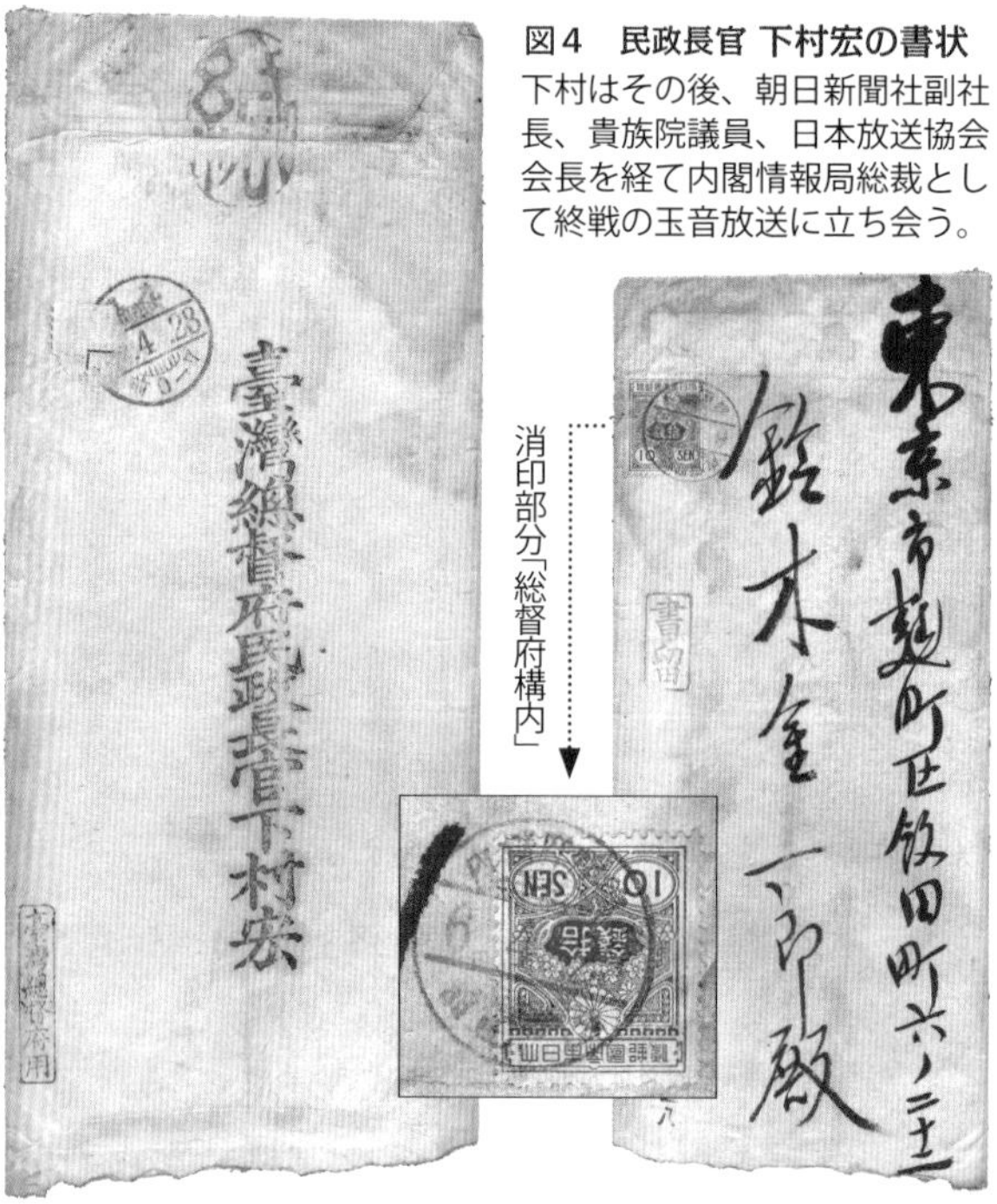

図4　民政長官 下村宏の書状
下村はその後、朝日新聞社副社長、貴族院議員、日本放送協会会長を経て内閣情報局総裁として終戦の玉音放送に立ち会う。

▼台湾総督府。大正８年（1918）に竣工。現・中華民国総統府。

▼総督官邸。明治34年（1901）に竣工。現・台北賓館。右奥に総督府が見える。

ています。

明石は韓国でも韓国駐箚《ちゅうさつ》（駐留）軍参謀長、韓国憲兵隊司令官などを歴任していて、韓国（朝鮮）と台湾の状況について寺内正毅に宛てた書簡が、国立国会図書館憲政資料室に残されています。明石は「朝鮮と違い候《てうろう》点漸《ようやく》同化渋滞の傾きなきやと被存《ぞんじられる》点に有之《これあり》。即《すなわち》邦語の応用稍《やや》劣り風俗の支那風尚存し、其他思想上に於ても朝鮮よりは同化少なきの感有之事に候」と書いています。つまり朝鮮は日本との同化が進んでいるが、台湾ではまだまだという感想です。このことは現在の日韓関係、日台関係を考えると興味深い内容です。

右の**図4**は明石の元で民政長官を務めた下村宏が差し出した書留で、台湾総督府構内郵便局で引受けられています。差出時期は大正6年（1917）4月23日で明石の前任、安東貞美《さだよし》総督のもとで民政長官に就いていた時代のものです。

また、台湾総督府の庁舎（現・中華民国総統府）は、長野宇平治のデザインを元に、台湾総督府の要求で森山松之助などが変更を加えて、明治45年（1912）6月に起工、大正4年（1915）6月に上棟式を挙行、すべての工事を終えて竣工したのは大正8年（1918）3月31日のことでした。明石総督の時代にあたります。

■文官総督田健治郎の時代

明石に続く第8代総督が初の文官総督となった田《でん》健治郎です（図5）。田は警察官僚から逓信省に移ったあと、衆議院議員、貴族院議員となった政治家で、貴族院では元老の山縣有朋の影響下にある茶話会に所属していました。

明石の急逝を受けて次の台湾総督を選考するにあたり、初の文民宰相となった内閣総理大臣の原敬は、台湾総督にも文官を選びたいと考えました。しかし軍人のポストが減ることに、軍部からの大きな抵抗が予想されました。そこで白羽の矢が立ったのが長州軍閥のボスである山縣有朋系の田だったと言われています。すでに大正8年（1919）8月20日、台湾軍司令部を創設し、軍部を台湾総督府から独立させていたことも、文官総督の実現の後押しになったと思われます。

図5　田健治郎

田は「内台一体」という内地延長主義の新方針を打ち出し、児玉・後藤流の現地の実情に合わせていくという統治方法の転換を図りました。大正9年（1920）7月27日、地方制度の大改革を公布、五州二庁三市四十七郡百五十五街庄を置くことにしました（下）。これは従来の中央集権的な行政制度を改め、中央の権限を大幅に地方行政庁に移譲すると共に、市制（台北、

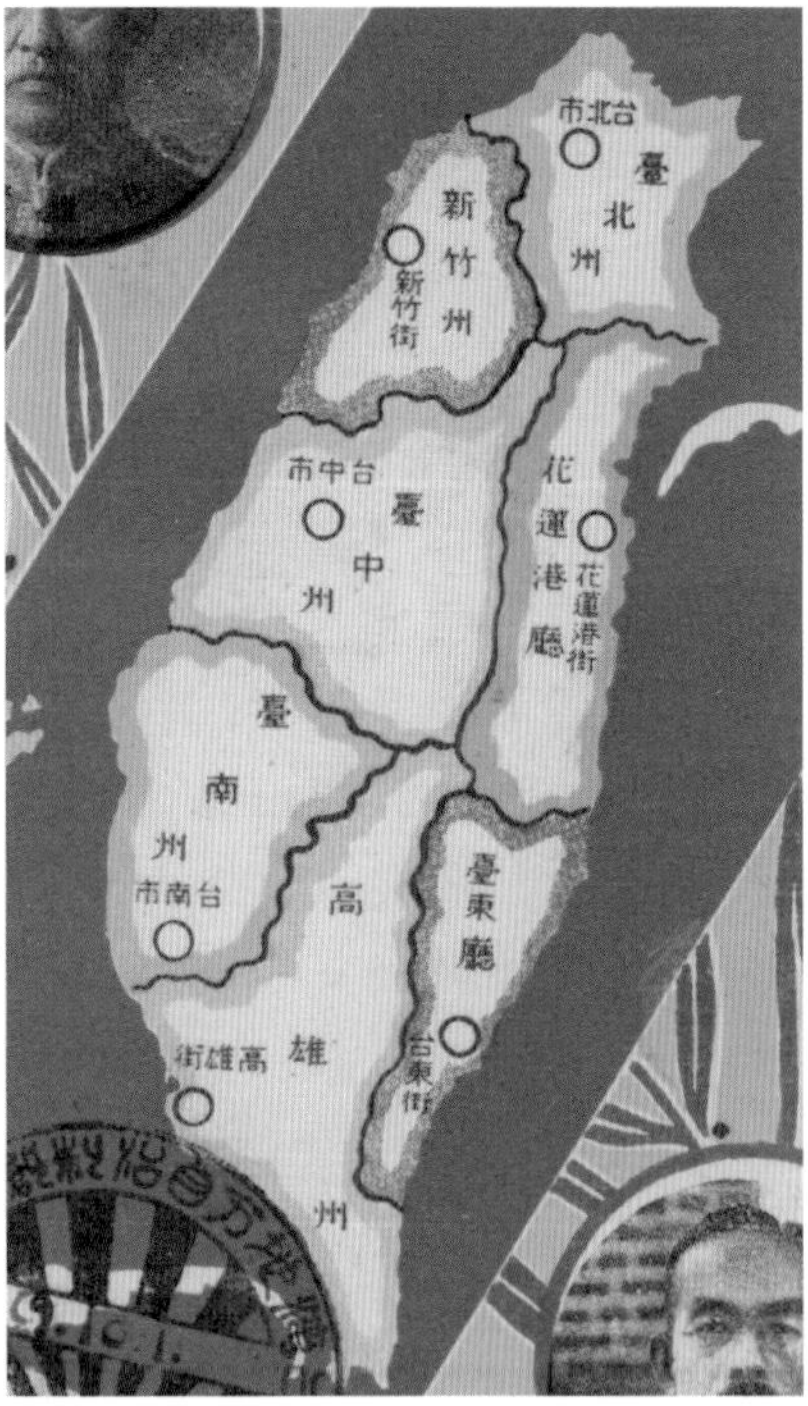

▶大正9年（1920）発行・台湾総督府記念絵葉書「台湾地方自治制創始記念」より。田総督（上）と下村総務長官（下）、および台湾の新行政区画図を描く。右は行政区画図の拡大で、五州（台北州、新竹州、台中州、台南州、高雄州）と二庁（花蓮港庁、台東庁）、三市（台北市、台中市、台南市）が描かれている。

台中、台南)、郡制、街庄制(内地の町村にあたるもの)という地方行政組織を創設して、自治を認めるというものでした。

さらに州(台北、新竹、台中、台南、高雄)と市、街庄には、協議会という諮問機関が設置されます。内地の議会にあたるもので協議会員は官選でした。州の協議会員は日本人が多かったのですが、街庄の協議会では台湾人が多数を占める例もありました。また、この地方制度の改革に合わせて8月10日、全島の地名のうち卑俗だと思われるもの、難読なものなどが日本式に改称され、その多くが現在でも使用されています。高雄《たかお》(打狗《たーかお》)、岡山《おかやま》(阿公店《あこうてん》)、板橋《いたはし》(枋橋《ほうきょう》)、松山《まつやま》(錫口《しゃっこう》)、民雄《たみお》(打猫《たーみゃお》)、清水《きよみず》(牛罵頭《ぎゅうばとう》)、美濃《みのう》(彌濃《みのう》)といった例があります。もちろん、現在は公式には国語(マンダリン)読みが使用されていますが、現地にいくと日本式の読み方でも通じることがあります。

また大正11年(1922)1月、日本本土の法律を原則的に台湾にも適用するように改めました。学校教育では大正12年(1923)2月に第二次台湾教育令を公布し、初等教育では日本籍の児童は小学校、台湾籍の児童は公学校に入学しますが、中等学校以上は日台共学を認めました。ちなみにジャーナリストから参議院議員となった田英夫は、田健治郎の孫にあたります。

■台湾の内地人・本島人・蕃人

日本統治下では日本人のことを内地人、漢族系の台湾人を本島人《ほんとうじん》、原住民を蕃人《ばんじん》と呼んでいました。台湾総督府には多くの本島人も所属していました。その多くは雇員や公学校の訓導(教師)で、やや責任のある立場では区長、街庄長、郷長、協議会員などがあげられる程度で、高位の職は日本人が占めていました。

図6は殖産局農務課の何焜煌《かこんこう》が差し出した昭和11年(1936)の年賀状です。台湾総督府の職員については、台湾の中央研究院臺灣史研究所がホームページ上で「臺灣總督府職員錄系統」を公開していて、在籍期間や役職を確認することができます。検索したところ、差出人の何焜煌は台南出身で、殖産局

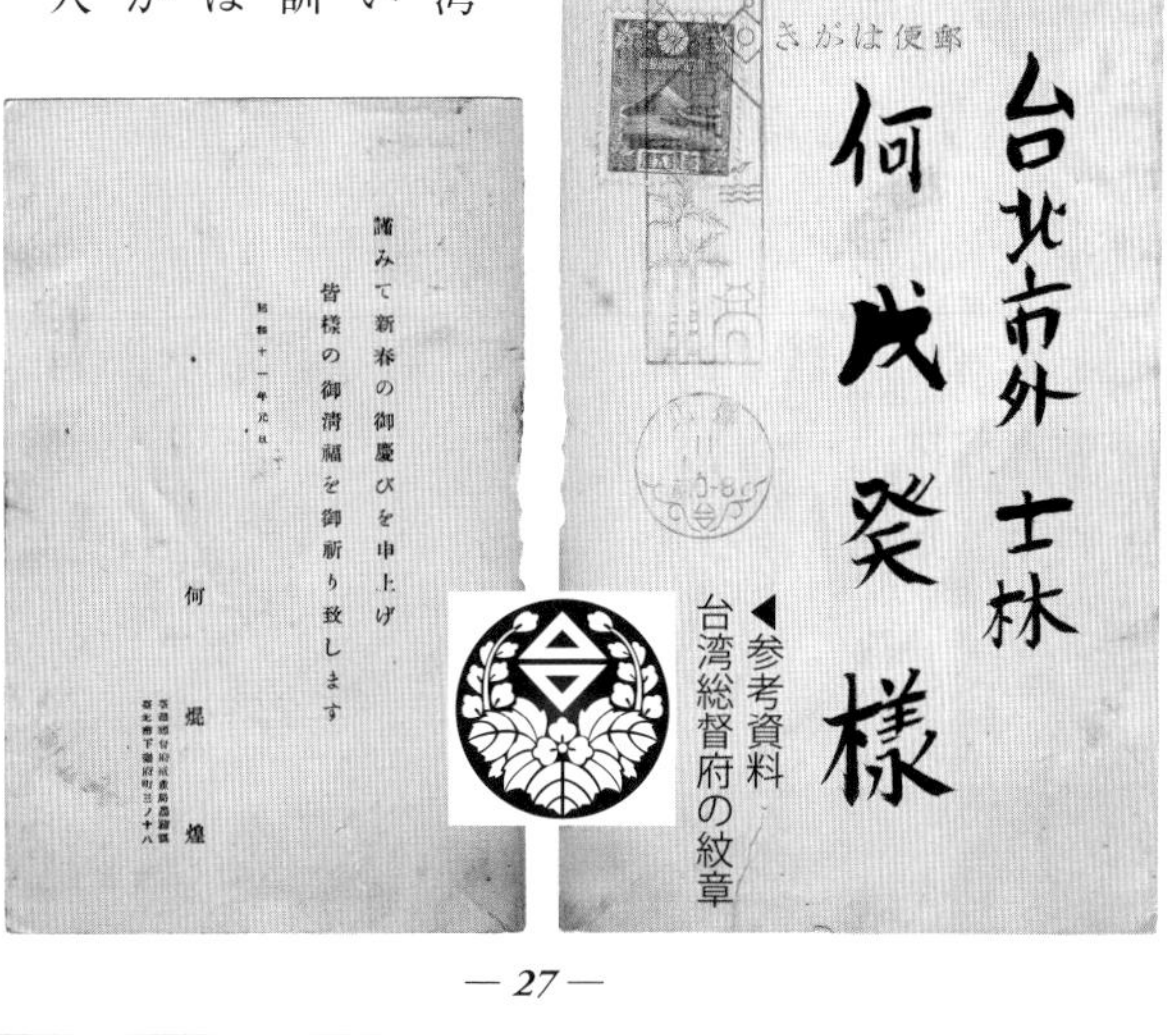
郵便はがき
台北市外 士林
謹みて新春の御慶びを申上げ
皆様の御清福を御祈り致します
昭和十一年元旦
何 焜 煌

◀参考資料
台湾総督府の紋章

図6　本島人・何焜煌の年賀状
日本最初の年賀切手は、渡辺崋山の描いた富士山を図案化したもので、台湾でも発売された。日付印下部は台湾総督府の紋章の一部を使用。

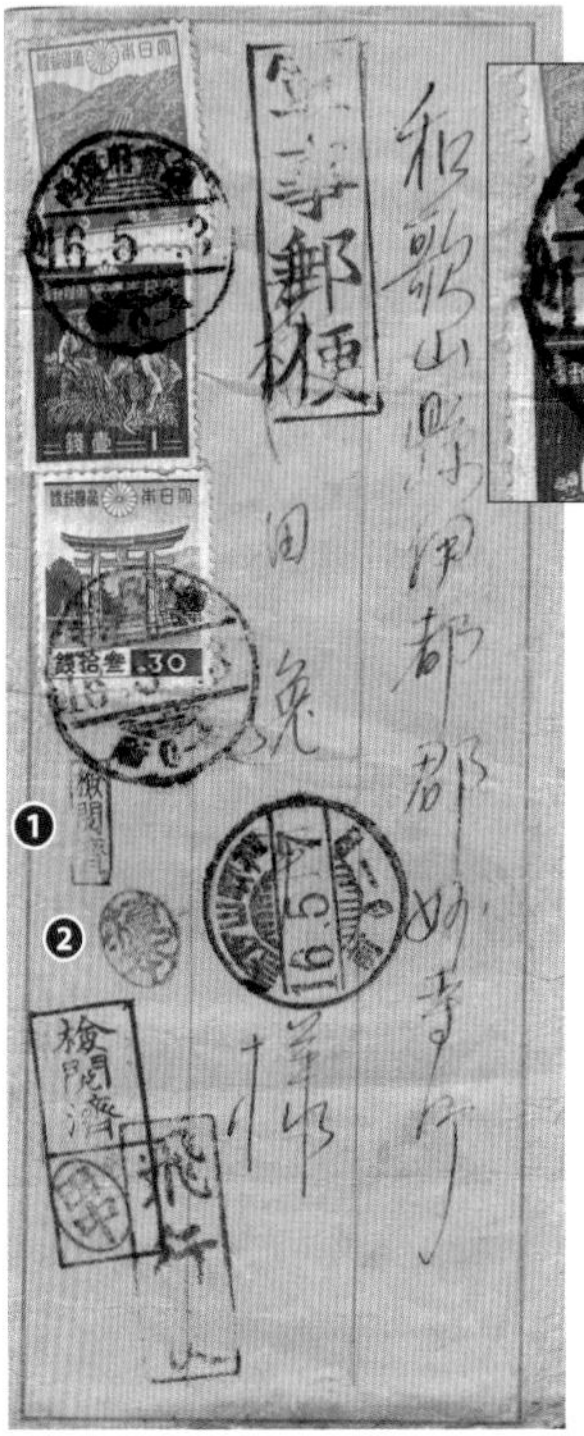

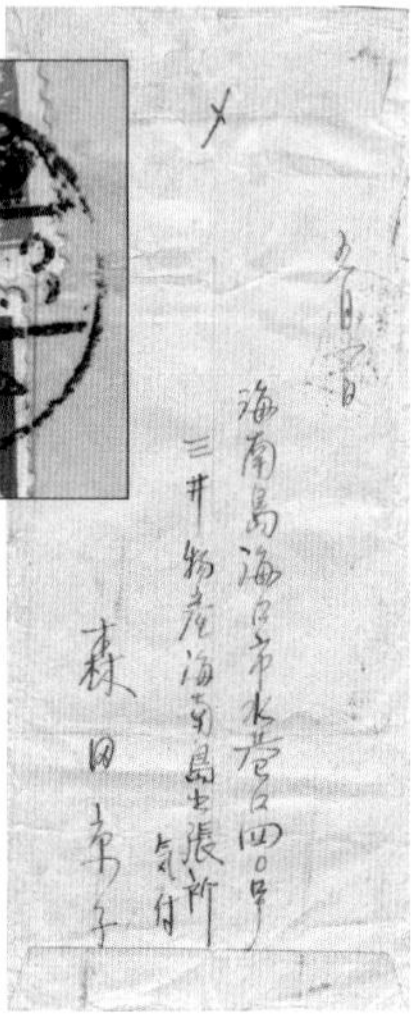

図7　民間人の軍事郵便利用
差出地は海南島海口市。海南島の民間人は、第七海軍軍用郵便所（海口）、第八海軍軍用郵便所（三亜）などから、軍事郵便の逓送ルートを利用するのが一般的だった。

⬆消印部分。軍事郵便は台北に運ばれ、台湾総督府構内郵便局で押印された。

農務課の雇員として昭和11年（1936）から15年（1940）まで在籍していたことがわかりました。消印は年賀用の機械日付印で日章旗と椰子の木が描かれた台湾独自のデザイン。昭和10年（1935）と11年（1936）の2回使用されました。貼られているのは富士山を描いた日本最初の年賀切手で、昭和11年用として前年12月1日に発行されたものです。

上の**図7**は昭和16年（1941）5月に台湾総督府構内郵便局で引受けられた郵便ですが、いろいろ興味深い点があります。軍事郵便という朱印が押されており、軍事郵便で一般的にみられる朱色の検閲済の印もあることから、軍事郵便の逓送ルートが使われたことは間違いないようです。

差出人の名義は三井物産海南島出張所気付とあり、民間人です。海南島は昭和14年1月に陸海軍共同作戦により占領されました。以後、海南島は海軍特務部の軍政下におかれ、海南島に進出した企業などの民間人も、軍事郵便の逓送ルートを利用して郵便を差し出すことができました。但し、航空料金以外の郵便料金が免除される軍事郵便とは違い、航空料金30銭と封書料金4銭、合計34銭分の切手が貼られています。

通常ならば海南島海口にあった第七海軍軍用郵便所で引受けられるはずですが、台北に運ばれ台湾総督府構内郵便局で消印が押されました。海南島の海軍特務部の職員の多くが台湾総督府の出身者だったことを考えると、台湾総督府と海南島間では多くの郵便物が交換されていたのかも知れません。その流れの中で台湾総督府構内郵便局で消印が押されたのでしょうか。

しかし、気になるのは青色の小さな検閲済印（❶）です。近くに榎本という印（❷）が押されています。臺灣總督府職員錄系統で榎本を検索してみると、警務局保安課に榎本隆司という人物がいることがわかりました。保安課は高

▼大正11年（1922）に竣工した台湾総督府専売局。戦後は、専売事業を継承した公売局として、現在は民間のビール会社の本社として使用されている。

本島人と原住民の暮らしから。上・川べりで洗濯をする本島人。
下・アタイヤル（タイヤル）族の機織り。

等警察業務を担当していた部署です。三井物産は海南島で阿片関係の仕事に関わっていたと言われていて、台湾総督府専売局もまた阿片を扱っていました。機密が漏れないように、海南島で差し出された郵便物が台湾総督府まで運ばれて、検閲をしていた可能性もあるかもしれません。

中身が残っていれば謎が解明できるかもしれませんが、封筒だけでもいろいろ想像を掻き立ててくれます。同様の使用例をお持ちの方がいらしたら是非、公益財団法人日本郵趣協会までご連絡ください。なお現在の台湾総統府の構内にも郵局（郵便局）があります。

コラム

台湾の町名になった総督たち

大正９年（1920）の地方制度改正によって台北市が誕生し、台北市尹《しいん》（市尹は市長のこと）に武藤針五郎が就任します。田総督の内台一体政策のもと、武藤市尹は台北市の住居表示の見直しに着手し、大正11年（1922）４月１日、台北市の町名改正を実施しました。

それまでの伝統的な「街」から日本式の「町」に変え64町としました。町名も日本的なものが多く採用されています。例えば朝陽街は太平町、千秋街と建昌街は港町となりました。大稲埕公学校が太平公学校というように公学校の名称も新町名に合わせて変更されています。この時に歴代総督の名前にちなむ樺山町（樺山資紀）、乃木町（乃木希典）、児玉町（児玉源太郎）、佐久間町（佐久間左馬太）、明石町（明石元二郎）が誕生しました。桂太郎と安東貞美が町名に採用されなかったのが面白いところです。

❶は佐久間町から昭和４年に差し出された葉書です。「精出せ汗だせ貯へよ」という標語入りの大型機械印は、台湾で昭和４年から９年にかけて使用されました。佐久間町は現在の牯嶺《クーリン》街《チェ》、福州街《フージョウジェ》、廈門街《シャーメンジェ》、寧波西街《ニンポーシージェ》、重慶《チョンチン》南路二段《ナンルーアールデュアン》、重慶南路三段《サンデュアン》にあたります。重慶南路二段には台湾郵政博物館があり、牯嶺街には切手商が集まっていますので、切手収集家にとっては馴染み深い場所で筆者も何度も訪れたことがあります。官庁街にも近く日本統治時代の住民のほとんどが日本人でした。戦後、大陸から国民党と共に台湾に渡ってきた外省人は引き揚げた日本人の住居に居住することが多く、この町も外省人の居住地区となりました。その歴史的な背景を元に製作された台湾映画の傑作がエドワード・ヤン監督の『牯嶺街少年殺人事件』（1991）です。

ほかに児玉町（❷）、明石町（❸）の使用例も紹介しましょう。この２通には乃木希典の切手も貼られており、総督の共演となりました。

❶

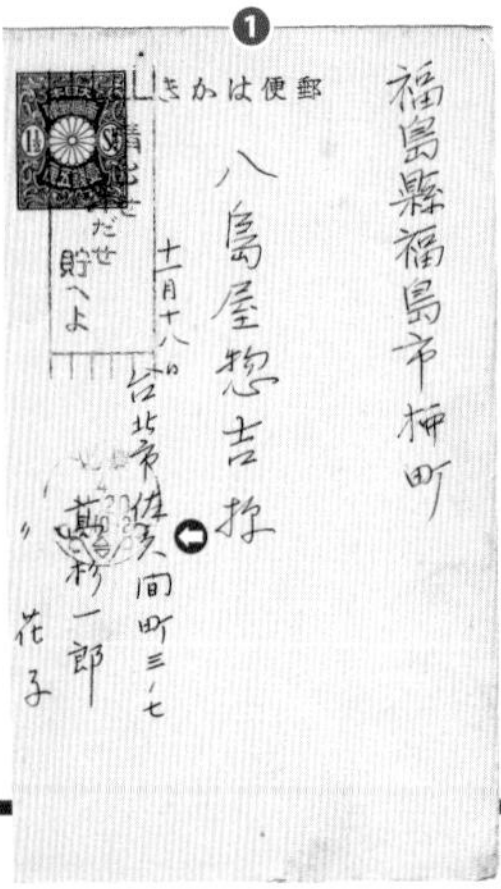

❷

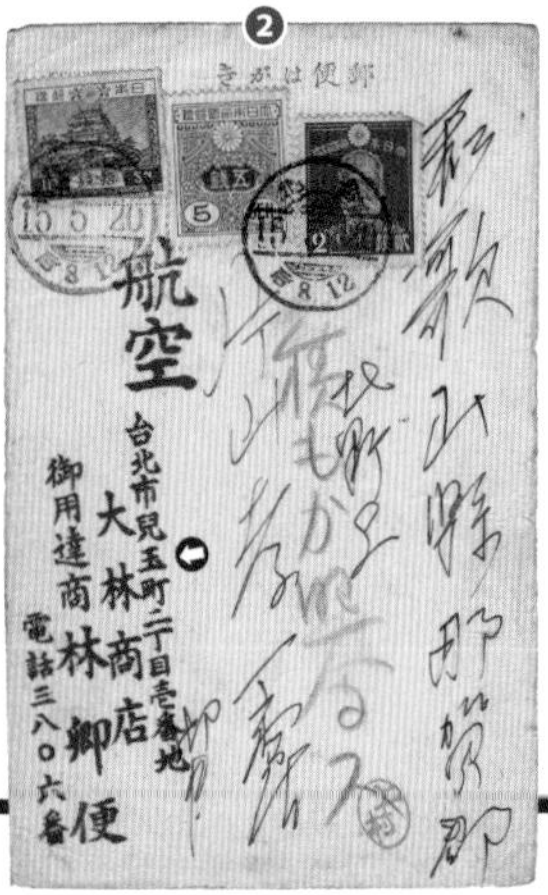

❸

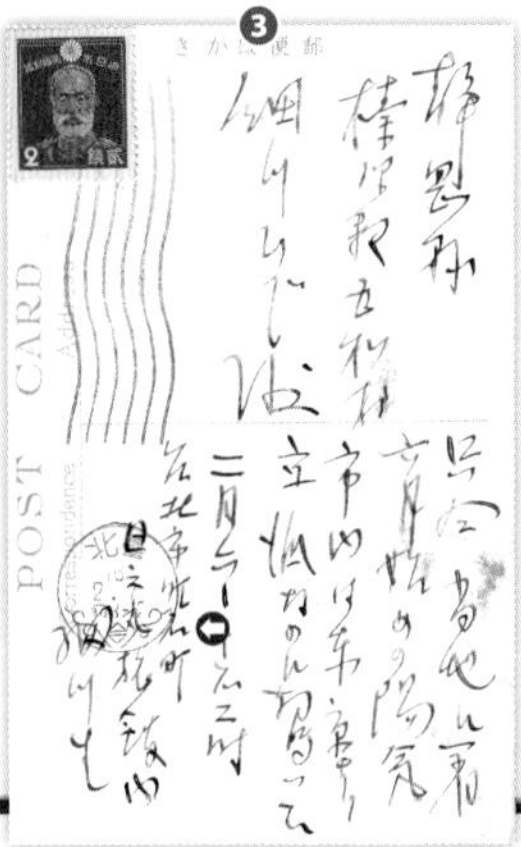

第三章 内台航路

上・大阪商船内台航路の笠戸丸。36ページ図1のはがき裏面。
下・笠戸丸の三等客室。ハワイやブラジルへの移民船として使用されたことで知られ、そのため三等客室には船底の貨物室を2段に仕切った大きなスペースが当てられていた。

内台航路の客船と航路案内

蓬莱丸（大阪商船）

扶桑丸（大阪商船）

因幡丸（近海郵船）

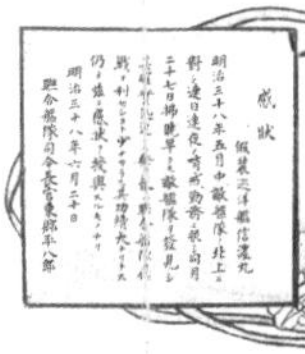

日本海海戰ニ於テ信濃丸ノ受領シタル感狀

信濃丸及備後丸

日本郵船株式會社

神戸基隆線

（毎月四回兩地出帆）

信濃丸　總噸數六千四百三十四噸

備後丸　總噸數六千二百八十噸

船體巨大構造堅牢ナルヲ以テ臺灣ノ荒海ト雖モ動搖ノ憂ナク航海最モ安全ナリ

各等船室ハ專ラ乘客ノ愉快竝ニ便利ノ爲メ有ラユル改良ヲ施シ殊ニ三等室及ビ乙種二等室ノ如キ全ク舊來ノ面目ヲ一新シ各般ノ裝置善美ヲ盡セリ

食堂、談話室、喫煙室、浴室、理髪室、電燈、電扇暖房器、製氷機、冷藏庫等諸般ノ設備到ラザルナク甲板廣濶ニシテ遊戯運動自在ナリ

船内無線電信局アリ乘客ハ航海中各地ト通信自由ナリ又本船航海中ノ模樣ヲ陸上ニ通信シ新聞ニ掲載セラル、ヲ以テ乘客ノ家族友人ハ其安否ヲ知リ得テ最モ便利ナリ

船内郵便局ノ設置アリ通常郵便ノ事務ヲ取扱フ

乘組醫師アリ一切無料ニテ乘客ノ診療ニ從事シ又女給仕アリ乘客中婦人及ヒ小供ノ世話ヲ爲ス

船艙廣大機械完備セルヲ以テ荷傷ノ憂ナク且ツ重量巨大ノ貨物ト雖モ積卸甚容易ナリ

現行定期發着表

神戸 發 正午	門司 着 早朝	門司 發 午後四時	基隆 着 早朝	船名	基隆 發 午後四時	門司 着 早朝	門司 發 正午	神戸 着 早朝
毎月五日	六日		九日	備後丸	毎月十二日	十五日		十六日
毎月十二日	十三日		十六日	信濃丸	毎月十九日	廿二日		廿三日
毎月二十日	廿一日		廿四日	備後丸	毎月廿七日	三十日		卅一日又ハ一日
毎月廿七日	廿八日		卅一日又ハ一日	信濃丸	毎月五日	八日		九日

一神戸ヨリ門司迄海上　二四〇浬
一同　基隆迄同　九九二浬
一門司ヨリ基隆迄同　七五二浬

日本郵船の神戸基隆線の航路案内。大正2年（1913）3月。

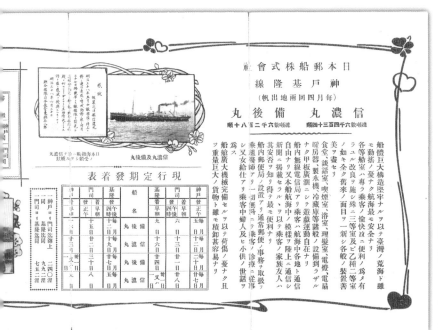

高千穂丸（大阪商船）

高砂丸（大阪商船）

富士丸（近海郵船）

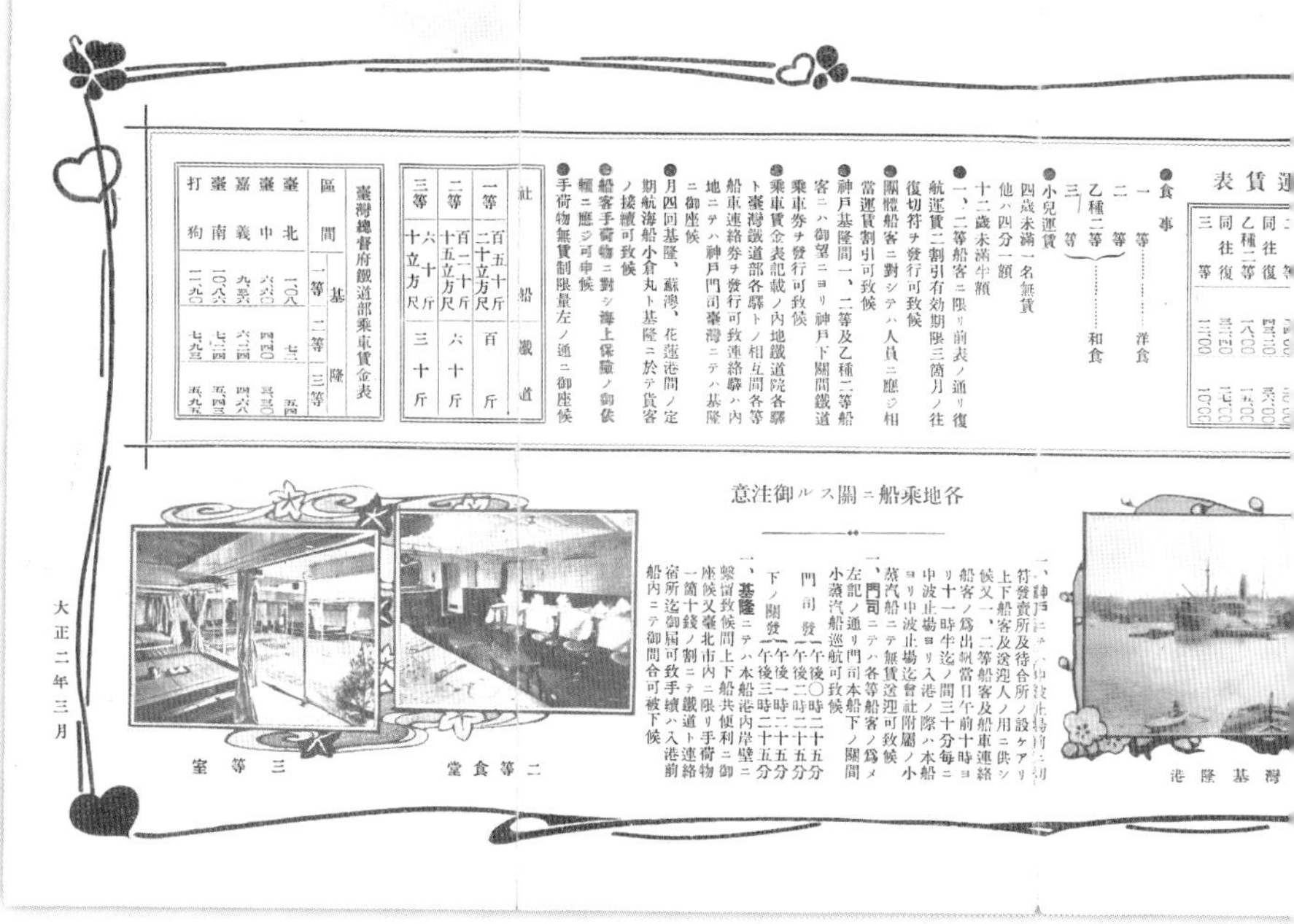

運賃表

同往復	四三、二〇	三六、〇〇
乙種二等	一八、〇〇	一五、〇〇
同往復	三三、四〇	二七、〇〇
三等	一三、〇〇	一〇、〇〇

●食事

一等……洋食

二等
乙種二等
三等……和食

●小兒運賃

四歳未滿一名無賃
他ハ四分一額
十二歳未滿半額

●一、二等船客ニ限リ前表ノ通リ復航運賃ニ割引有効期限三箇月ノ往復切符ヲ發行可致候

●團體船客ニ對シテハ人員ニ應ジ相當運賃割引可致候

●神戸基隆間一、二等及乙種二等船客ニハ御望ニヨリ神戸下關間鐵道乘車券ヲ發行可致候

●乘車賃金表記載ノ内地鐵道院各驛ト臺灣鐵道部各驛トノ相互間各等船車連絡券ヲ發行可致連絡驛ハ内地ニテハ神戸門司臺灣ニテハ基隆ニ御座候

●月四回基隆、蘇澳、花蓮港間ノ定期航海船小倉丸ト基隆ニ於テ貨客ノ接續可致候

●船客手荷物ニ對シ海上保險ノ御依頼ニ應ジ可申候

●手荷物無賃制限量左ノ通ニ御座候

	社船	鐵道
一等	百五十斤 二十立方尺	百斤
二等	百二十斤 十五立方尺	六十斤
三等	六十斤 十立方尺	三十斤

臺灣總督府鐵道部乘車賃金表

區間	基隆 一等	基隆 二等	基隆 三等
臺北	一、〇八	七二	五四
臺中	六、六〇	四、四〇	三、三〇
嘉義	九、三六	六、二四	四、六八
臺南	一〇、八六	七、二四	五、四三
打狗	一一、九〇	七、九三	五、九五

各地乘船ニ關スル御注意

一、神戸ニテハ中波止場前ニ切符發賣所及待合所ノ設ケアリ上下船客及送迎人ノ用ニ供シ候又一、二等船客及船車連絡船客ノ爲出帆當日午前十時ヨリ十一時半迄ノ間三十分毎ニ中波止場ヨリ入港ノ際ハ本船ヨリ中波止場迄會社附屬ノ小蒸汽船ニテ無賃送迎可致候

一、門司ニテハ各等船客ノ爲メ左記ノ通リ門司本船下ノ關間小蒸汽船巡航可致候

門司發 午後〇時二十五分 午後二時二十五分

下ノ關發 午後一時二十五分 午後三時二十五分

一、基隆ニテハ本船港内岸壁ニ繫留致候間上下船共便利ニ御座候又臺北市内ニ限リ手荷物一箇十錢ノ割ニテ鐵道ト連絡宿所迄御届可致手續ハ入港前船内ニテ御問合可被下候

灣基隆港

二等食堂

三等室

大正二年三月

台湾接収によって、日本と台湾を結ぶ定期航路が必要となり、内台航路が開設。乗客や物資、郵便物が運ばれ、船内の郵便サービスも始められました。

総督府の〝命令航路〟を開設

■大阪商船と日本郵船の命令航路

日清戦争後、日本に割譲された台湾と日本を結ぶ定期航路が必要になりました。いち早く名乗りを上げたのは中小の海運業者でしたが、大手の大阪商船は台湾総督府に働きかけて、補助金の支給を受ける「命令航路」を受託し、内地と台湾を結ぶ航路を開設しました。

「大阪商船株式会社五十年史」には「内地臺灣間及び臺灣沿岸に一日も早く海運の便を開くことが臺灣統治上並に同島拓殖上最も緊急なりと洞察し」と書かれています。大阪商船側から動いたことを感じさせますが、戦後発行された「大阪商船株式会社八十年史」になると、「明治29年（1896年）5月、台湾総督府命令航路として大阪台湾線を開始し、須磨丸など汽船3隻をもって毎月3航海した。これが日本と台湾を結ぶ定期航路のはじまりであった」と一歩引いた視点で記述しています。

大阪商船の第1船の須磨丸は明治29年（1896）5月5日大阪発、神戸・鹿児島・大島・沖縄・基隆。第2船舞子丸は5月15日大阪発、神戸・門司・長崎・三角・鹿児島・大島・沖縄・八重山・基隆。第3船明石丸は5月25日大阪発、神戸・鹿児島・大島・沖縄・基隆―という新聞広告が出ています。

大阪商船に続いて、最大手の日本郵船が明治29年（1896）9月1日、小樽丸により神戸発、宇品、門司、長崎を経て基隆への航路を開始します。日本郵船の航路も明治30年（1897）4月に台湾総督府の命令航路になりました。

大阪商船・内台航路、笠戸丸の二等食堂。

なお、台湾総督府の命令航路は内台航路以外にもありました。明治40年1月刊行の「臺灣総督府通信要覧」（台湾総督府通信局）には台湾沿岸線（澎湖島を含む全島周回航路）、基隆打狗《たーかお》線（澎湖島・安平寄港）、淡水《たんすい》香港線（厦門・汕頭寄港）などが一覧表としてあり、それぞれ郵

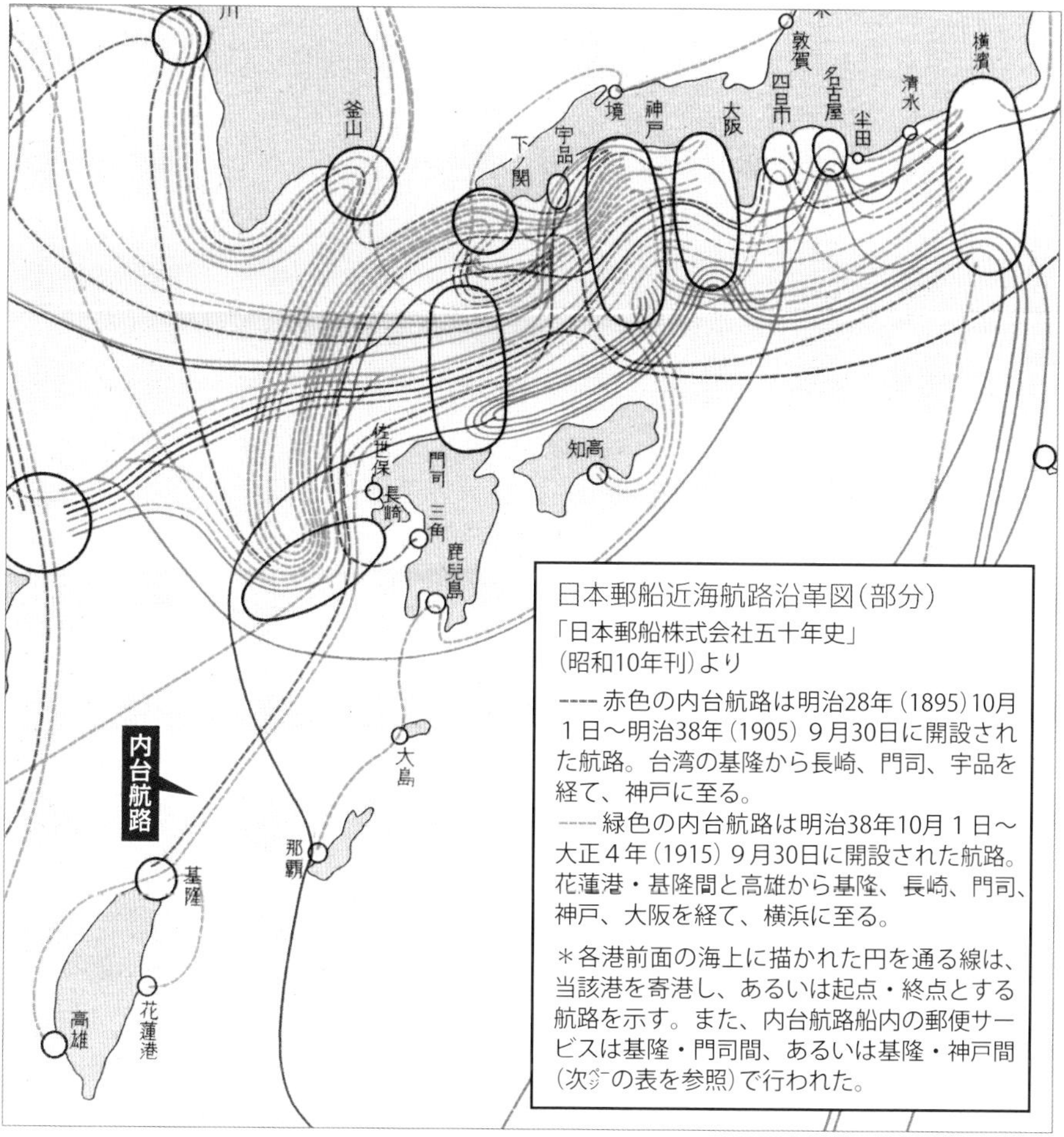

日本郵船近海航路沿革図（部分）
「日本郵船株式会社五十年史」
（昭和10年刊）より

---- 赤色の内台航路は明治28年（1895）10月1日～明治38年（1905）9月30日に開設された航路。台湾の基隆から長崎、門司、宇品を経て、神戸に至る。

---- 緑色の内台航路は明治38年10月1日～大正4年（1915）9月30日に開設された航路。花蓮港・基隆間と高雄から基隆、長崎、門司、神戸、大阪を経て、横浜に至る。

＊各港前面の海上に描かれた円を通る線は、当該港を寄港し、あるいは起点・終点とする航路を示す。また、内台航路船内の郵便サービスは基隆・門司間、あるいは基隆・神戸間（次㌻の表を参照）で行われた。

便物の逓送が行われたことが記載されています。また補助金の出る命令航路以外にも、様々な海運会社の運航する自由航路がありました。

■航路船内の郵便サービス

内台航路では、明治45年（1912）1月31日からは基隆郵便局の船内郵便係員が乗船し、船内乗客へのサービスとして郵便の取扱業務を始めました。はじめは郵便業務だけでしたが、大正3年（1914）からは郵便為替（電信為替を除く）と郵便貯金の取扱も開始しました。台湾総督府告示等で船内郵便係員の乗務した船舶をまとめると、次㌻の表のとおりとなります。

船内で引受けられた郵便物には、基隆門司間という郵便印が押されました。**図1**は最初に船内郵便係員が乗船した汽船として知られる大阪商船の笠戸丸の乗客から差し出されたもので、大正3年7月5日の日付が押されています。文面には7月3日に門司を出港したことが書かれていて、台湾に向かう便で

備考
日露戦争捕獲艦　ソ連の空爆で沈没
昭和4(1929) 北進汽船に売却
昭和19(1944)3.6 撃沈
昭和6(1931)3 売却
大正13(1924) 大阪大連線へ
昭和5(1930)4 売却
昭和4(1929) 北進汽船に売却

消印部分

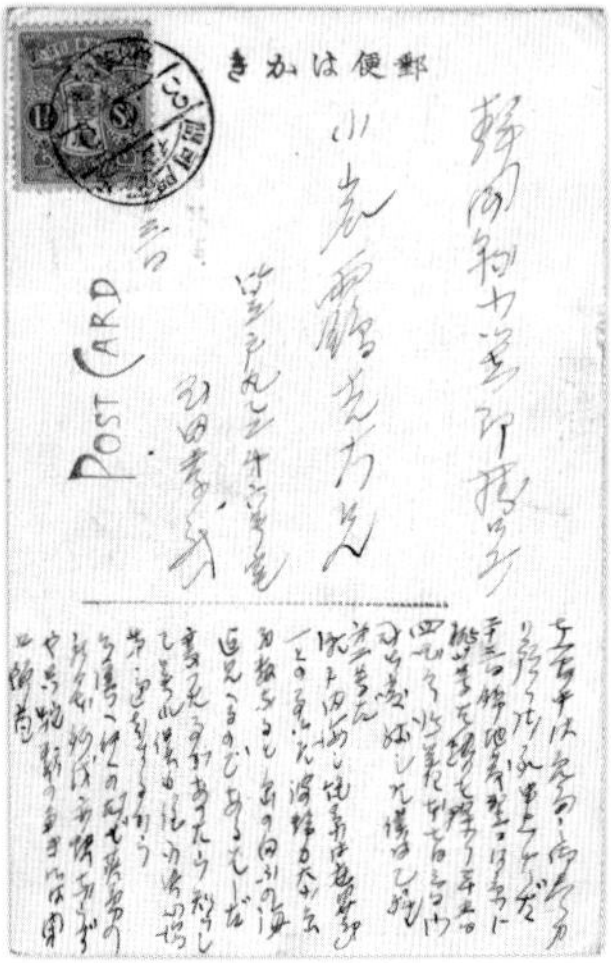

図1　笠戸丸からの差出

笠戸丸は明治39年（1906）のハワイ移民、明治41年（1908）のブラジル移民にも使用された。

あることがわかります。裏面（31㌻）は笠戸丸の絵葉書です。基隆門司間の下には「復」という文字があります。基隆から内地に向かう便に「往」を、内地から基隆に向かう便に「復」の文字が使われました。本土目線では門司発が往路のはずですが、台湾総督府の命令航路であり、基隆郵便局の係員が乗船していたことを考えれば当然のことでしょう。

台湾総督府の命令航路は基隆から神戸の間でしたが、船内郵便係員の乗船は基隆と門司の間だけだったので、郵便印も基隆門司間となっていましたが、昭和5年（1930）7月10日からは神戸までとなり、郵便印も基隆神戸間と改正されました。

備考
昭和17(1942)3.1 撃沈
昭和19(1944)2.5 衝突事故
〃　7.31 撃沈
〃　7.31 撃沈
〃　8.30 撃沈
昭和18(1943)9.13 撃沈
〃　3.19 撃沈
〃　10.27 撃沈
戦後、帰還輸送へ
昭和19(1941)12.24 撃沈

図2は基隆神戸間になってからのもので、昭和8年7月5日に吉野丸で引受けられました。吉野丸は近海郵船の所属です。近海郵船は日本郵船の近海航路部門が分離独立した会社で、大正13年（1924）4月1日に設立されました。しかし、日中戦争がはじまるなどの時局の推移と業界の実情に基づき、日本郵船

図2　吉野丸の引受　▼裏面（赤城）

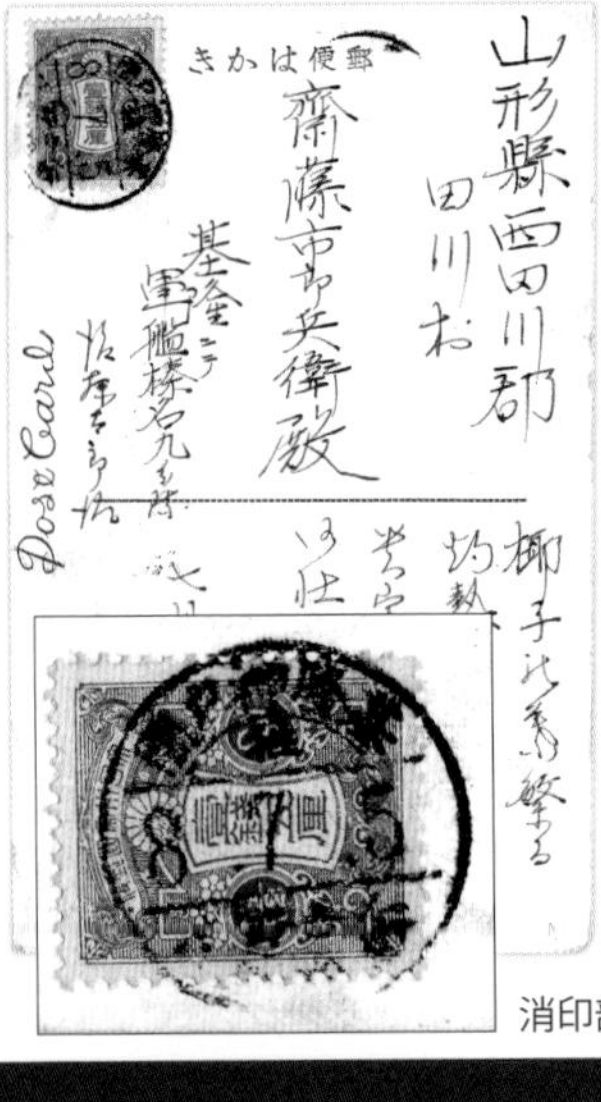

吉野丸は第1次大戦時のドイツからの賠償船。昭和12年（1937）、陸軍に徴用された。

消印部分

基隆・門司間　**内台航路船内郵便局一覧**（「日本船内郵便局印図録」日本郵趣協会・2018年刊より）

船名	船籍	船舶番号	総トン数	設置指定日	告示番号	廃止日	告示番号
笠戸丸	大阪商船	38754	6,209	明治45(1912)1.31＊	209	大正５(1916)9.13	101
信濃丸	日本郵船	6487	6,388	〃 2.11＊	〃	昭和３(1928)7.24	85
亜米利加丸	大阪商船	3068	6,070	〃 2.7 ＊	〃	大正13(1924)7.18	92
備後丸	日本郵船	1876	6,241	〃 2.4 ＊	〃	大正14(1925)3.15	38
因幡丸	〃	1717	6,192	大正3(1914)9.1	133	大正5(1916)5.23	64
香港丸	大阪商船	3241	6,070	〃	〃	大正13(1924)6.25	73
笠戸丸	〃	38754	6,209	大正9(1920)5.18	74	昭和2(1927)4.14	44
因幡丸	日本郵船	1717	6,192	大正11(1922)4.1	48	昭和3(1928)7.5	85
蓬莱丸	大阪商船	29715	9,206	大正13(1924)6.8	73		
扶桑丸	〃	29718	8,188	〃 7.18	92		
吉野丸	近海郵船	28457	8,998	大正14(1925)3.15	38	➡基隆・神戸間へ	
瑞穂丸	大阪商船	31569	8,511	昭和2(1927)4.14	44		
大和丸	近海郵船	33769	9,655	昭和3(1928)7.5	85		
朝日丸	〃	33770	9,327	〃 7.24	〃		

＊は設置指定日ではなく、実際の基隆出港日（伊藤則夫氏の調査による）。設置指定日と開局日は異なる場合がある。

基隆・神戸間

船名	船籍	船舶番号	総トン数	設置指定日	告示番号	廃止日	告示番号
蓬莱丸	大阪商船	29715	9,206	昭和5(1930)7.10	85		
朝日丸	近海郵船	33770	9,327	〃	〃	昭和14(1939)11.30	460
扶桑丸	大阪商船	29718	8,188	〃	〃	昭和9(1934)3.7	14
吉野丸	近海郵船	28457	8,998	〃	〃	昭和12(1937)4.3	45
瑞穂丸	大阪商船	31569	8,511	〃	〃	〃 5.20	96
大和丸	近海郵船	33769	9,655	〃	〃		
高千穂丸	大阪商船	38759	8,154	昭和9(1934)2.10	14		
富士丸	近海郵船	42703	9,138	昭和12(1937)4.3	45		
高砂丸	大阪商船	43182	9,315	〃 5.20	96	昭和16(1941)11海軍病院船	
香取丸	日本郵船	16494	10,513	昭和14(1939)11.30	460	〃 10陸軍に徴用	

スペック、船歴は「船舶史稿」各巻、「日本郵船船舶100年史」をもとに記載した。
廃止日は告示上で「○○丸を削リ××丸ヲ加ヘ」とある日で、実際の船の運航とは異なる場合がある。

と合併することになり、昭和14年9月に解散しました。

差出人は戦艦「榛名」の乗組員です。暑中見舞で、裏面は航空母艦赤城の絵葉書です。アジア歴史資料センターで確認できる榛名の航泊日誌によれば、昭和8年7月4日から8日まで基隆に入港していたことがわかります。おそらく榛名からは多くの郵便物が日本向けに差し出されたのでしょう。吉野丸の出港までの間に、基隆郵便局では処理しきれないと判断されて、消印がおされないまま吉野丸に搭載されて、吉野丸の船内郵便係員が押印したものではないかと思われます。

内台航路に使用されていた船舶は、日中戦争から太平洋戦争時、次々に軍に徴用されました。残った蓬莱丸、高千穂丸、大和丸、富士丸も昭和17年（1942）から昭和18年（1943）にかけて撃沈されています。これにより船便による一般の郵便逓送は事実上、不可能になりました。

コラム

戦争を生き延びた高砂丸

　昭和に入ってから内台航路に投入された船舶は、前ページの表のとおり10隻ですが、8隻は撃沈され、1隻は事故により喪失、戦後まで残ったのは大阪商船の高砂丸だけでした。

　神戸大学学術成果リポジトリKernelという公開データベースには、海事博物館研究年報も収集されています。そこに「高砂丸の奇跡とその時代背景」（菊池寧）という論文がありました。それによれば高砂丸は「昭和12年（1937）5月、三菱重工業長崎造船所で誕生。最高速力20ノット以上、船客定員900人という要目は補助金取得の必須条件を満たし、軍事面での意図も読み取れる一方、喫煙室や食堂といった主要な客室の設計は高名な建築家・村野藤吾が手掛け、国威発揚の一面もあることも見逃せない」とあります。

　開戦直前の昭和16年（1941）11月、高砂丸は海軍に徴傭され、特設病院船として艤装工事を受け、連合艦隊直轄の付属艦船となりました。病院船は戦時国際法により一定の塗装・標識を行い、医療以外の軍事活動を行わず、船名等を交戦国に通知するなどの要件を満たすことで、軍事的攻撃から保護されるということになっていました。

　しかし、実際には意図的であるかどうかは別にして、空爆や潜水艦の雷撃などを受ける場合もあり、撃沈された病院船もあります。前述の論文には「高砂丸もそういった義務を守りながらも、活動中に空襲による至近弾・機雷接触といった危機に幾度も遭遇した」とあります。そんな危機を乗り越えて高砂丸は終戦を迎えます。

　そして戦後は引揚船として、中国（上海、塘沽、秦皇島）やソ連のナホトカからの帰還航海に就航しました。

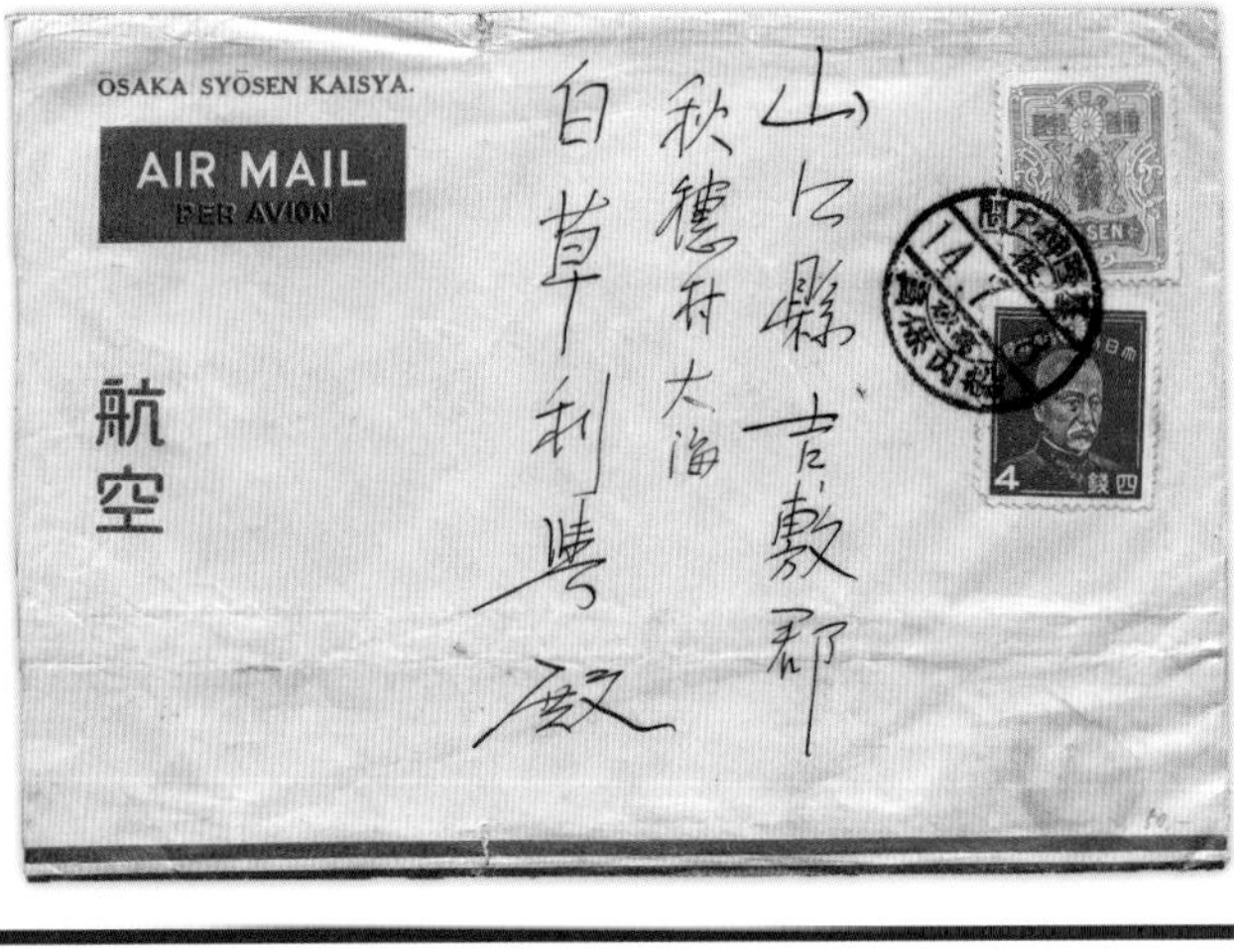

左は高砂丸の復航時使用例。昭和14年（1939）7月8日引受で、大阪商船の航空郵便用封筒が使用されている。台湾到着後、日本に航空便で送られたもの。

第四章

鉄道網の整備

「日本地理風俗体系 台湾編」(昭和6年・新光社刊)より

上・阿里山鉄道の木橋。
下・台湾最初期の鉄道郵便印（明治36年10月29日・基隆台北間上り４便）。
右・台湾最後期の鉄道郵便印（昭和19年７月24日・基隆高雄間上り２便）

台湾の発展のためには、インフラの整備が必要不可欠でした。そのため、台湾総督府は台湾縦貫鉄道をはじめ、全島に鉄道網を敷設していきます。鉄道は物流、交通の要として、台湾を支えていくことになります。

難工事を乗り越えて縦貫鉄道を敷設

■臨時台湾鉄道隊の派遣

台湾にはじめて鉄道が敷設されたのは清国統治下の1890年、清国の年号でいえば光緒16年、日本の年号では明治23年のことで、基隆・台北間（28・6キロ）が完工し、翌年から実際の営業を開始しました。さらに1893年（光緒19）には新竹まで延伸しました。

明治28年（1895）、台湾を接収した樺山総督は、この鉄道を利用しようとしました。しかし、急勾配では乗客が降りて車両を手で押さなければ動かない、保線の問題でしばしば脱線するなどの設備的な問題に加え、台北以南では清国兵や武装勢力により鉄道設備に対する破壊行為などがあり、樺山総督の要請を受けて大本営は明治28年（1895）8月、臨時台湾鉄道隊を編制して台湾に派遣しました。編制時の総員は3千人強。その多くは職工、軍役夫でした。隊長には陸軍工兵中佐山根武亮《たけすけ》（11月に大佐進級）が任命されました。

鉄道部隊について書かれた「鉄道兵の生い立ち」という本には、この部隊についての記載はなく、鉄道隊の創設は明治29年（1896）、牛込河田町でとなっています。臨時に編制されたということで記載されなかったのかもしれませんが、臨時台湾鉄道隊こそが日本の鉄道部隊の嚆矢《こうし》と言っても良いでしょう。

臨時台湾鉄道隊は既存の設備の改修を行い、明治30年（1897）4月1日にその業務を台湾総督府通信局臨時鉄道掛に引き継ぎました。樺山総督は台湾縦貫鉄道の建設に強い意欲を持っていましたが、後任の桂、乃木総督はそれについては関心が低く、実現に動き出すのは児玉総督の時代になってからです。

■長谷川謹介の招聘

明治32年（1899）3月、臨時台湾鉄道敷設部を設置し、技師長には北陸線柳ケ瀬隧道や東海道線天竜川橋梁の建設で知られた長谷川謹介（48㌻コラム参照）を招聘します。4月に基隆に到着した長谷川と、出迎えた敷設部員の宴席でのエピソードが、「開拓鉄道に乗せたメッセージ」という書籍に書かれています。部員たちが清国時代の鉄道について、作業員として働いた清国兵の質の悪さについて語ると、長谷川は「それははた

図１　台湾総督府鉄道部三叉河建設事務所からの書留書状
明治37年（1904）３月３日、三叉河局引受、台中宛。
封書料金３銭、書留料金７銭、計10銭料金。

してすべてが真実だろうか。（略）ドイツ人技師や逃げ帰ったアメリカ人技術者の指導方針・工程管理上の問題はなかったのだろうか。十分な食料や調理材料が支給されていたのだろうか。（略）働く者の環境を考慮し、健康に留意した工程表を作成するのも、われわれ技術者の重要な仕事なのだ」と指摘したとあります。

11月には臨時鉄道掛（営業部門）と臨時鉄道敷設部（建設部門）を一体化し、台湾総督府鉄道部となり、鉄道部長は後藤民政長官が兼務、技師長には引き続き長谷川が就任しました。長谷川は後藤長官の後ろ盾のもと、総務、会計以外の鉄道部の全権をにぎり、台湾縦貫鉄道の建設に邁進しました。**図1**は台湾縦貫鉄道の中でも最大の難工区となった三叉河《さんさほ》・葫蘆墩《ころとん》間（22・5キロ・**図2**）を担当した鉄道部三叉河建設事務所医務室から台中に宛てて差し出された書留です。新竹から三叉河までは明治36年（1903）10月に開通していました。

長谷川は三叉河建設事務所を新規開設して稲垣兵太郎を所長とし、張令紀、朝倉政次郎の両技師を派遣して難工区にあたらせました。建設事務所には医務室（鉄道病院出張所）、妻帯者用の鉄道寮も併設しています。この区間は海抜200メートルから300メートルの丘陵が連なり、9ヵ所のトンネル工事が必要で、日本初の鉄筋コンクリート工法が使われました。また河川の密集地域でもあり、大安渓《だいあんけい》、大甲渓《だいこうけい》に鉄道橋を架ける必要もありました。大甲渓鉄橋の竣工は明治41年（1908）4月10日で、縦貫鉄道全線開通のわずか10日前のことでした。

なお、長谷川は明治39年（1906）10

図２　縦貫鉄道の難工区 三叉河・葫蘆墩間

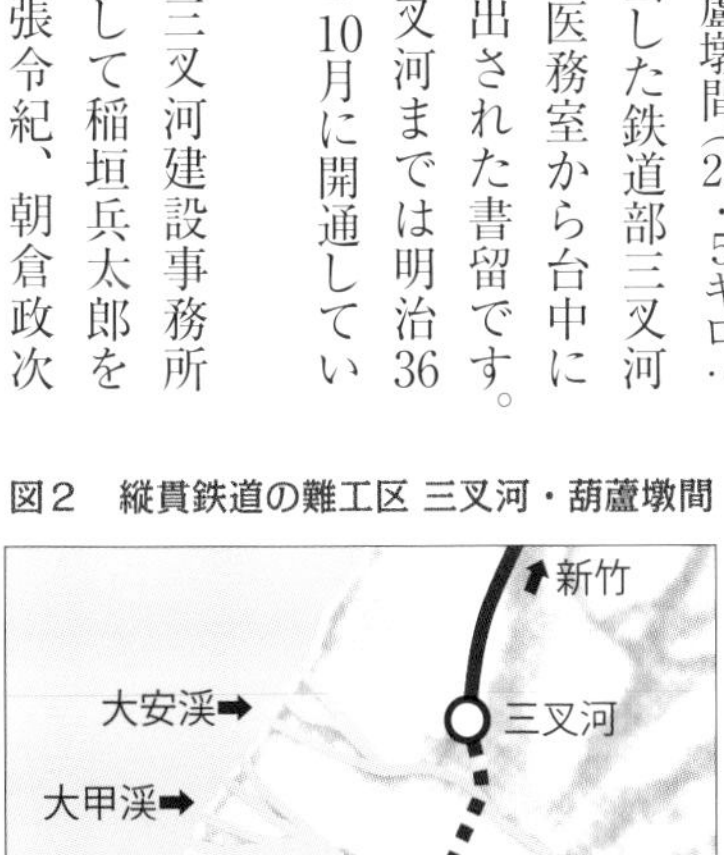

月に鉄道部長に昇任しています。葫蘆墩は大正9年（1920）に豊原《とよはら》と、三叉河は戦後、中華民国時代の1955年に三義《サンイー》と改名しています。

■縦貫鉄道の開通と支線の建設

台湾縦貫鉄道全線（基隆・打狗間）は明治41年（1908）4月20日に開通し、10月に来賓の閑院宮載仁《ことひと》親王（陸軍中将・第一師団長）の臨席の元、台中公園で開通式が行われました。なお、後藤新平はこの時、桂太郎内閣の逓信大臣として祝電を送っています。

戦前台湾の主要な鉄道路線

台湾の鉄道は近代化と殖産興業の推進に大きく貢献した。また旅客収入、貨物輸送収入は台湾総督府の歳入の10～20%を構成する重要な収入源でもあった。日本統治時代の鉄道遺産は駅舎など保存されているものも多く、現在では観光スポットになっている。

台湾縦貫鉄道の全線開通を見届けた長谷川は同年12月、内閣鉄道院（総裁は後藤逓信大臣）東部鉄道管理局長に就任、9年以上に及ぶ台湾生活を終えることになります。また縦貫線支線として台北・淡水間を結ぶ淡水線が明治34年（1901）8月に完成しています。

その後、集集《しゅうしゅう》線（二水・外車理間／大正10年全線開通／昭和2年鉄道部買収）、縦貫線海岸線（竹南・彰化間／大正11年開通）、平渓《へいけい》線（三貂嶺・菁桐抗間／大正11年全線開通・昭和4年鉄道部買収）、宜蘭《ぎらん》線（八堵・蘇澳間／大正13年全線開通）、台東《たいとう》線（花蓮港・台東間／大正15年全線開通）、潮州《ちょうしゅう》線（高雄・枋寮間／昭和16年全線開通）などが建設されたほか、官設鉄道としては林務課など殖産部局系所管の阿里山《ありさん》鉄道（嘉義・阿里山間／明治44年開通）、太平山《たいへいざん》鉄道（土場・羅東貯木場間／大正13年全線開通）、八仙山《はっせんざん》鉄道（土牛・久良栖間／大正10年開通）があり、他にも製糖会社などが経営する私設鉄道や手押し軌道がありました。

コラム

鐵路便當《ティエルービィエンダン》

鉄道の旅の楽しみのひとつに駅弁があります。台湾でも駅弁があり、「鐵路便當」といいます。池上便當や福隆便當が有名で、筆者も台湾で購入したことがあります。令和2年（2020）8月、台北駅構内に横浜のシウマイ弁当で有名な崎陽軒が出店しました。報道された写真で見ると、看板に便當とあります。日本とは違い、温かい状態で提供しているとか。その辺は日本と中華圏文化の違いでしょうか。

実は「便當」という言葉は、日本統治時代に台湾で誕生した日本製漢語です。はじめは「瓣當」といっていたのが、いつのまにか便當と変化していったようです。このように日本製漢語や日本語が台湾で定着した例があります。「料理」、「薬局」、「見本」、「口座」、「注射」、「丼」、「味噌」、「多桑《とうさん》」、「歐巴桑《おばさん》」といった言葉です。

台北駅構内の崎陽軒。写真提供：愛旅！台湾

■台湾の鉄道郵便

　鉄道は乗客や物資の輸送手段ですが、郵便物の逓送も行っていました。鉄道郵便車が連結され、郵便物を局から局へ運ぶだけでなく、駅構内や駅前のポストに投函された郵便物への押印も行いました。その時に使用された線路間名を表示した郵便印を、鉄道郵便日付印といいます。

　台湾での鉄道郵便印で最も古いものとして、明治36年（1903）1月1日の基隆台北間（左㌻**図3**）が知られています。はじめは丸一型といわれる日付印で、11線路区間で使用されました。**図4**は明治38年（1905）9月25日の基隆臺北間のもので、鉄道部工務課技手の安倍孝良から盛岡宛ての封書です。

　さらに明治39年（1906）からは櫛型日付印とよばれるタイプに変わりました（**図5**）。このタイプは線路区間名の違いや右書、左書の違い、書体の新旧字体違いなど、様々に細分することができます（**図6**）。

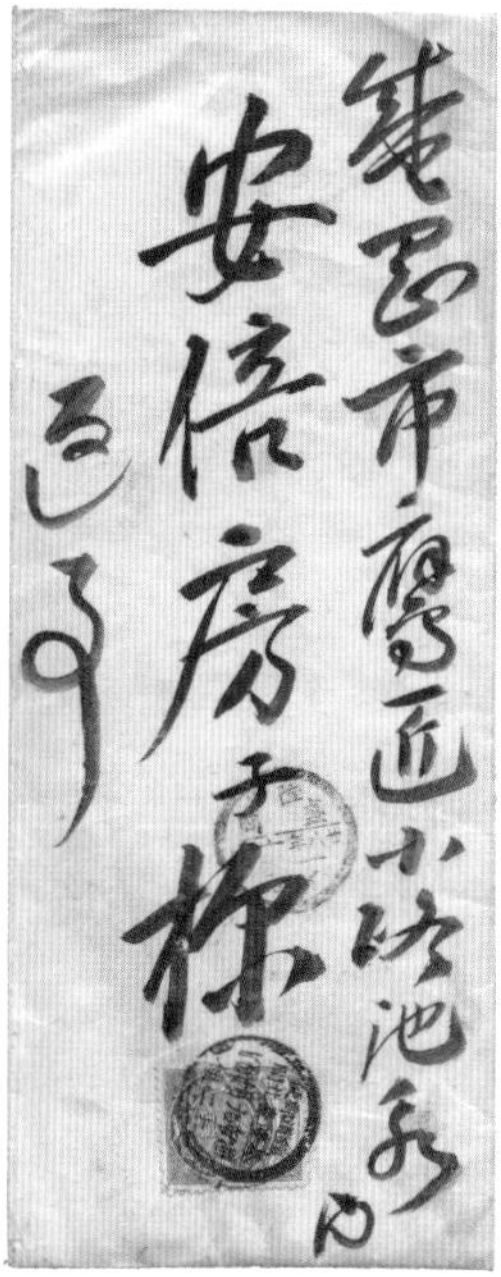

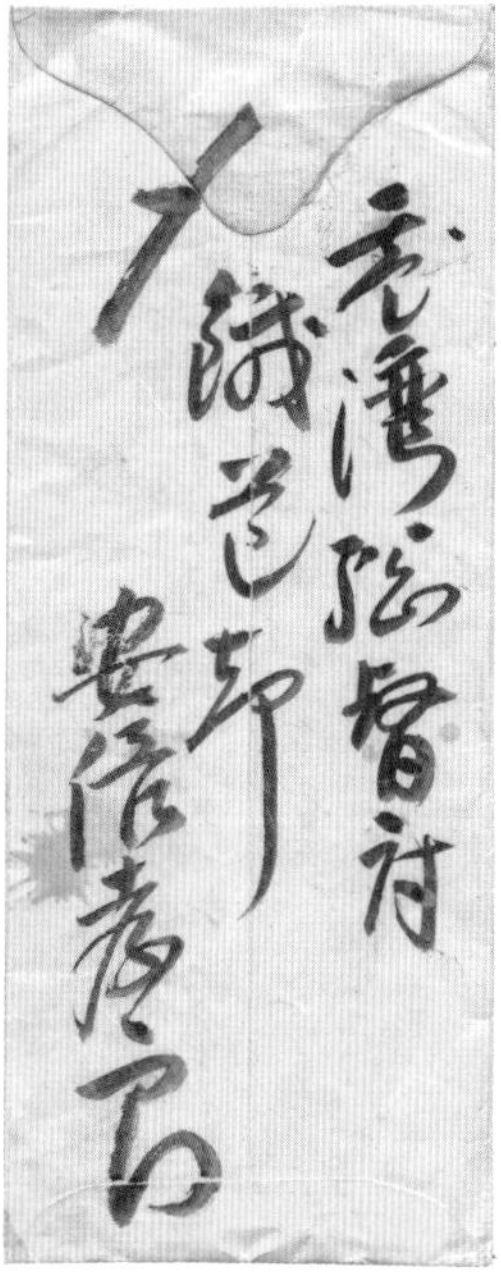

消印部分

図4　丸一型印の鉄道郵便印

丸一型印の鉄道郵便印には、嘉義打狗間、臺南打狗間、臺北苗栗間など、11線路区間が知られている。また、「鉄」と「鐵」、「台」と「臺」など、新旧の字体も併用された。

消印部分

図5　櫛型印の鉄道郵便印

櫛型印の鉄道郵便印は、新旧の字体の違いや係員の左書、右書の違いなどがある。昭和18年（1943）からは、横櫛型といわれるタイプも出現する。

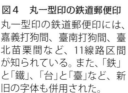

昭和15年の時刻表より

左・時刻表巻末の台湾鉄道部による広告。下・表紙。

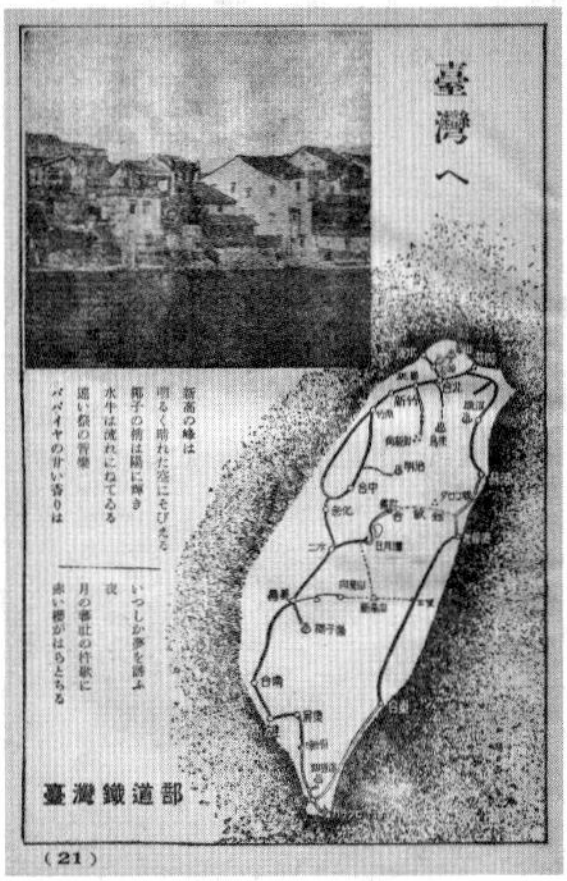

時刻表巻頭の
台湾の鉄道路線図。

図3　最古の台湾鉄道郵便印

基隆台北間・明治36年1月1日

図6　台湾の鉄道郵便印

丸一印鉄道印・臺北臺中間

櫛型印鉄道印・局係員左書
臺北臺南間

櫛型印鉄道印・局係員右書
基隆高雄間

＊図3：最古の台湾鉄道郵便印、および図6：台湾の鉄道郵便印は、「日本郵便印ハンドブック2008」（日本郵趣協会・2007年刊）より転載。

＊昭和18年から出現する横櫛型印についても、上記ハンドブックを参照されたい。

台湾縦貫鉄道と全通記念絵葉書

上・「明治41年5月　台湾汽車博覧会記念」。難工事だった大甲渓鉄橋（41ページ参照）と総督府交通局鉄道部のマークを描く。

左および次ページ・明治41年発行・総督府記念絵葉書「台湾縦貫鉄道全通記念」3種。左は台湾統治開始当時の地図（背景）と縦貫鉄道完成後の鉄道図を描く。

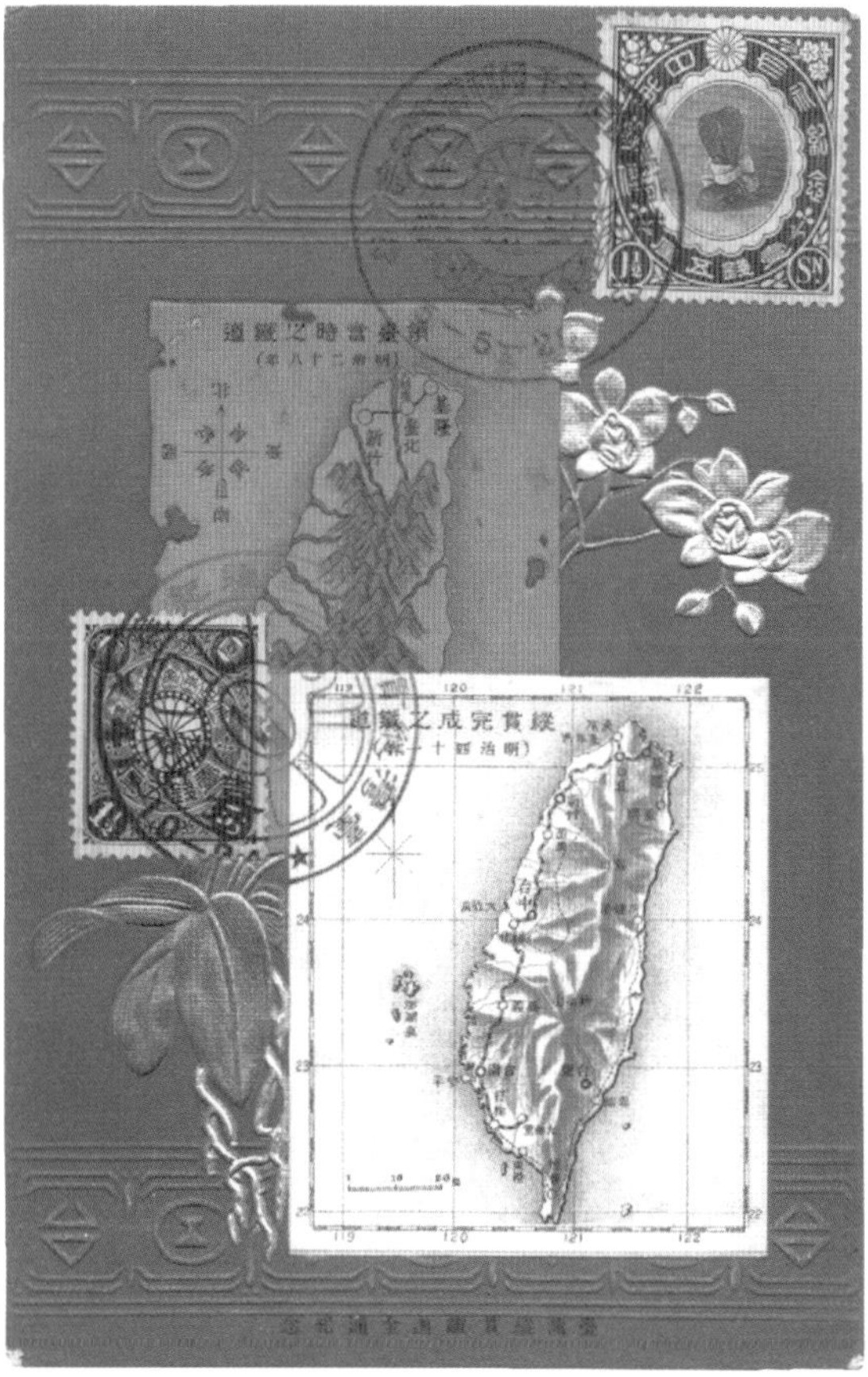

台湾縦貫鉄道全通記念絵葉書の袋。

絵葉書の記念印

ともに総督府記念絵葉書「台湾縦貫鉄道全通記念」。上は北端の駅・基隆と南端の駅・打狗（高雄）間の各地風景。下は台湾中部の河川、濁水渓に架かる鉄橋と、前鉄道部長・長谷川謹介（左）と民政長官・大島久満次（右）を描く。

コラム

台湾鉄道の父は長谷川謹介か劉銘伝《りゅうめいでん》か

長谷川謹介

劉銘伝

令和2年(2020) 7月、旧台湾総督府鉄道部本庁舎がリニューアルされて台湾博物館鉄道部園区としてオープンしました。その展示物に長谷川謹介が「台湾鉄道の父」として紹介されていたことから台湾で論争になり、博物館側はその説明文を外したとネットなどで報じられました。

長谷川に反対する論者は劉銘伝こそ台湾鉄道の父だと主張したそうです。劉銘伝は軍人として清仏戦争(1884～85)で台湾の防衛にあたり、フランス軍を撃退した功績で知られています。1885年(光緒11) 10月、福建省から台湾省が分離独立すると、劉銘伝は初代台湾巡撫に任命されました。1891年(光緒17) 6月までの任期の間、台湾のインフラ整備、産業の振興発展に力を入れました。鉄道建設もそのひとつで、1887年(光緒13) 5月に全台鉄路商務局を立ち上げ、イギリス人マシスン技師、ドイツ人ベッケル技師を招いて1890年(光緒16)夏に起工しています。

ただ、劉の後を継いだ歴代の台湾巡撫は鉄道建設には消極的で、基隆新竹間からの鉄路の延長には手をつけませんでした。台湾初の鉄道建設を命じた劉銘伝と台湾縦貫鉄道を陣頭指揮で完成させた長谷川、どちらが「台湾鉄道の父」にふさわしいのか。それは今、まさに台湾に住んでいる人たちの多数がどう感じるかに任せるほかはありません。いずれにしても両人の台湾の鉄道に対する功績は大きなものでした。

劉銘伝は台湾で郵便制度をはじめた人物でもあります。その開始は1888年(光緒14) で、1896年(光緒22) の清国の大清郵政創業よりも8年も早く、劉銘伝の先進性を感じさせます。台湾郵政総局が郵便制度を実施したのは1888年3月12日で、台湾で使用されていた旧暦でいえば光緒14年2月10日です。公用便用(無料)と民間便用の2種類の切手も発行されました。切手といってもあらかじめ料金が表示されているものではなく、重量、発信日、宛先の站名(郵便局名)を記入する形式でした。

▶1886年に台湾で発行された一番切手(公用郵便用)。一般の郵便は1888年に始まる。

第五章 初等教育政策

台湾北部、角板山の蕃童教育所における授業風景。

多言語社会の台湾にあって、日本語教育が初等教育政策の第一歩となりました。
そして同時に、内地人（日本人）には台湾語の学習が奨励されました。
明治30年代には、内地人・本島人・原住民それぞれの初等教育が制度化されていきます。

内地人・本島人・原住民の教育

■伊澤修二の教育政策

明治28年（1895）5月21日、台湾総督府民政局学務部長心得に、元文部省の官僚で音楽教育、吃音矯正の先駆者として知られる伊澤修二（図1）が就任しました。伊澤の教育構想の特徴は、日本語教育を教育政策の根幹に位置づけたことです。

台湾は多言語社会でした。本島人とよばれる漢族系の人々の多くは、閩南《びんなん》語を常用語としていましたが、その系統も泉州系と漳州系に分かれ、他にも客家《はっか》語、広東語など様々な言語が使われていました。清国統治時代は、数年ごとに交代でやってくる官吏たちの使う言葉は北京官語。さらに台湾原住民のうち、平地に住み漢族と共存していた平埔《へいほ》族や山地で独自の文化を守って暮らしていた生蕃と呼称されていた人々も、部族ごとに違う言語を持っていました。その台湾をひとつにまとめて発展させるための共通言語として、日本語教育が必要だと考えたわけです。

留意しなければならないのは、同時に台湾語（閩南語・客家語）の学習を内地人（日本人）に奨励したことです。統治初期には日本人向けに数多くの台湾語の学習本が発行されています。伊澤は台湾語学習本の編纂と、台湾人に日本語を教え、内地人に台湾語を教える言語教育の専門機関として、芝山巌《しざんがん》学堂を明治28年（1895）7月16日に開設しました。ところが明治29年（1896）1月1日、日本人教師6人が土匪《どひ》（私的武装集団）に襲撃され殺害されるという事件（芝山巌事件・57ページコラム参照）がおきました。ちょうど帰国中だった伊澤は、あらたに45人の日本人講習員を率いて台湾に戻り、芝山巌学堂を再開しました。

伊澤は続いて同年3月に台湾総督府国語学校を開校し、教員養成と語学研究を進めます。民政がスタートした

図1 伊澤修二

同年4月1日には、正式に学務部長に就任、さらに5月からは本島人に日本語教育を施す国語伝習所を、島内14ヵ所に設置しました。しかし、明治30年（1897）年6月、学務部は学務課に格下げされ、伊澤の教育方針に横やりが入り始めるようになりました。

伊澤は抗議のために休職を申し出ましたが、さらに台湾総督府高等法院長高野孟矩《たけのり》による台湾総督府の官僚疑獄事件摘発があり、それを契機とした乃木総督による幹部職員更迭のあおりを受けるかたちで、7月29日に免職となり日本に帰国します。その後は12月に貴族院勅選議員となっています。

■小学校・公学校・蕃童教育所

児玉・後藤時代になると教育制度が見直され、明治31年（1898）7月に初等教育のために、「台湾総督府小学校官制」、「台湾公学校官制」、「台湾公学校令」が公布されました。小学校は内地人向けで、日本の初等教育内容を基本としていましたが、台湾語の授業も含まれていました。公学校は本島人向けで国語（日本語）の授業のほか修身、作文、読書、習字、算術、唱歌、体操、などの教育が行われ、島内55ヵ所に設置されました。授業内容にはやがて理科、図画、手工、農業、商業、裁縫（女児向け）なども加えられます。また、原住民の多く居住する地域では、蕃人公学校も設立されましたが、大正11年（1922）には公学校に統合されました。

明治40年代の本島人教育

「台湾写真帖」（明治41年刊）より

台湾教育の中心、国語学校の付属学校。第一付属学校は本島人男子を教育。上は校舎で、円内は授業風景。弁髪の生徒が目立つ。下は女子教育の第二付属学校の授業風景。

原住民の住居。上・山地原住民の集落の様子。屋根は板張りの木皮葺きで、さらに棒状のもので押さえている。下・こちらの写真では壁や屋根に竹が使用されていることが分かる。

「日本地理風俗体系 台湾編」(昭和6年・新光社刊)より

これらの文教部局系の小学校、公学校とは別に、警察関係部局系の蕃童教育所がありました。これは明治41年（1908）3月に台湾総督府が公布した「蕃童教育ニ関スル件」により、巡査が教師となって原住民の児童に教育をしたもので、入学年齢や修業年限の規定がなく、授業料は無償で文房具と給食も支給したものです。この施策により、大正11年（1922）10月21日付けの「台湾日日新報」は、「蕃人の就学率が本島人のそれよりも多い」という見出しで就学率を報じています。

とはいえ、この分野に詳しい北村嘉恵氏は「就学率算出の母数となる学齢児童数を総督府はどのように把握していたのかという基礎的な事実すら明らかになっていない」（『帝国と学校』所載蕃童教育所における就学者増大の具体相）と指摘しています。

昭和15年（1940）度の統計によると、小学校は148校、公学校は824校、教育所（蕃童教育所を昭和11年に改称）は180所となっています。小学校と公学校は昭和16年（1941）3月6日、国民学校令の公布により国民学校に一本化されました。また昭和18（1943）年度からは義務教育となり、昭和19（1944）年度の就学率は71・17％となりました。

■学校関係者の書状から

図2は台中縣大肚《だいと》公学校の教諭・宇谷和一郎から差し出された封書で、途葛堀郵便局で明治34年（1901）9月22日に引き受けられています。臺灣總督府職員録系統で宇谷和一郎を検索すると、宇谷は明治34（1901）年度から大正15（1926）年度まで、大肚公学校をかわきりに島内の各公学校で教諭または訓導として勤務しています。大肚公学校は明治32年（1899）の創立で、磺《こう》溪《けい》書院という清国時代に建立された私塾に設置されました。明治42年（1909）には隣接地に新校舎が建ちましたが、この手紙の差し出された時期は磺溪書院時代になります。

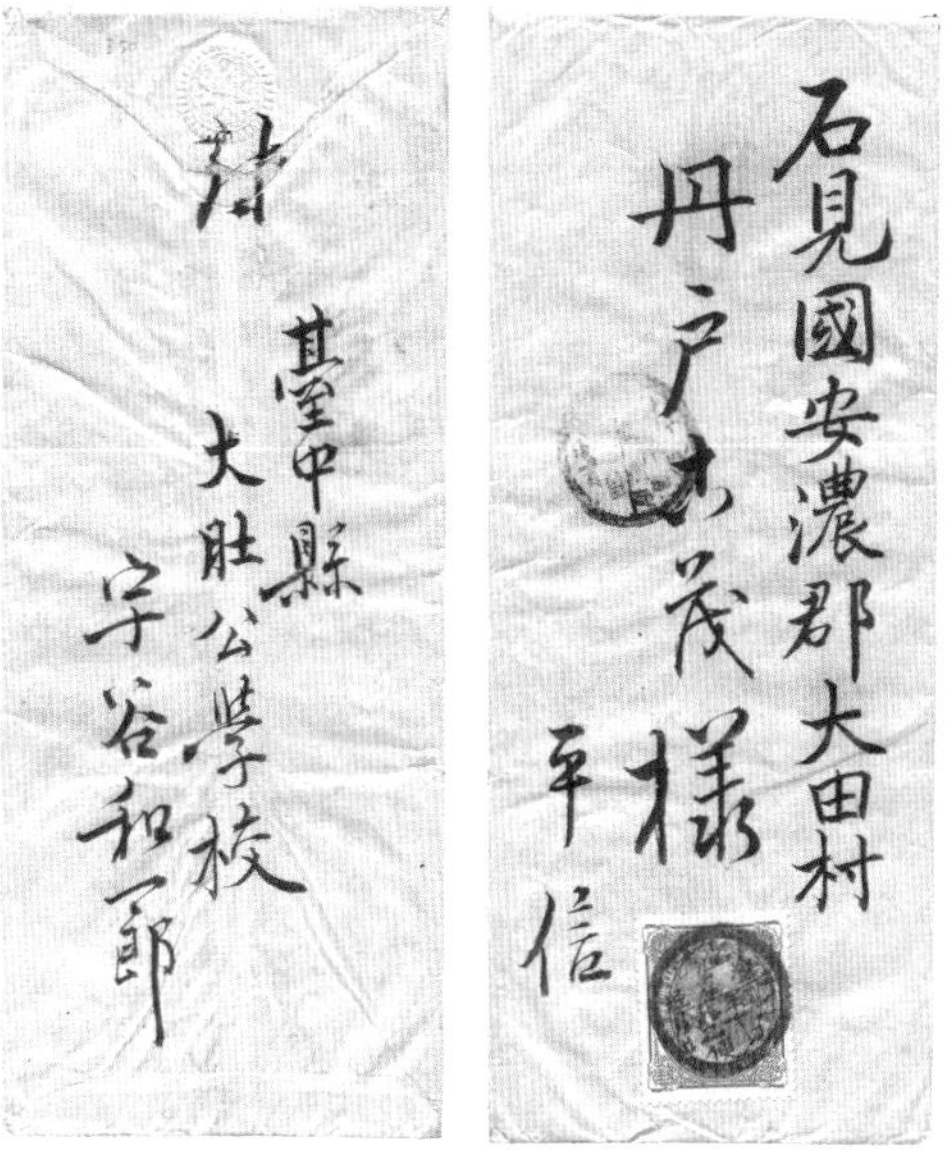

図２　公学校教諭・宇谷和一郎差出の封書
貼付の３銭切手は、皇太子嘉仁親王と九条節子の御婚儀を記念する切手で、明治33年（1900）５月10日発行。

磺溪書院は清国時代の建造物として現在、台中市大肚区の観光スポットになっています。なお、大肚公学校は大肚國

図3　公学校生徒差出のはがき

新竹郵便局の消印は、日本国内で使用されていた櫛型日付印の派生型で、櫛の部分が横線になっている台湾型。

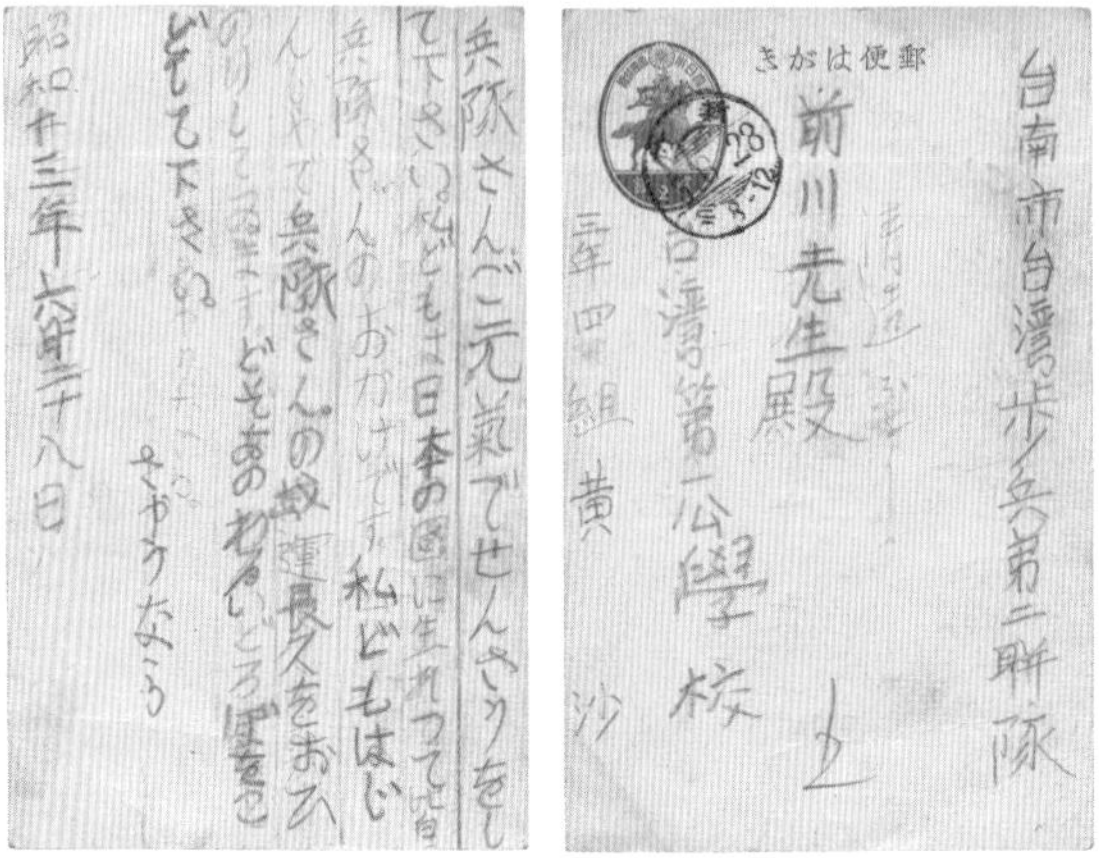

民小學となっています。郵便が引き受けられた塗葛堀は現在の台中市龍井区の古称です。

図3は新竹第一公学校の三年生（本島人）から差し出された葉書で、昭和13年6月28日に新竹郵便局で引受けられています。名宛人には台湾歩兵第二聯隊前川先生とあり、横に別人の筆跡で清造とあります。

前川清造は昭和12年度に新竹第一公学校の教員心得、昭和13年から15年までは同校の訓導、昭和16、17年は新竹市新興国民学校の訓導、昭和19年には新竹州州立新竹商業学校の教諭として掲載されていることがわかりました。

新興国民学校は新竹第一公学校が名称変更したもので、第一公学校は新竹市新興町にありました。もともとは明治29年（1896）、新竹国語伝習所として創立されたもので、新竹公学校、新竹第一公学校と名称を変え、現在は新竹國民小學となっています。

裏面の文章は次のとおりです。「兵隊さん。ご元氣でせんさうをして下さい。私どもは日本の國に生れつて皆兵隊さんのおかげです。私どもはじんじゃで兵隊さんの武運長久をおひのりしてゐます。どぞあのわるいどろぼをこどして下さい。さやうなら」（文ママ）とあります。

この文章を見ると恩師に宛てた内容とするのは不自然です。筆者の想像ですが、入隊した同僚のために教員が児童に対し、作文の練習を兼ねて書かせたというものではないかと思います。前川清造が職員録に昭和18年度を除き掲載されているのは、公学校に在籍のまま、兵事休職扱いになっていたためではないでしょうか。復員後に商業学校に復職した可能性があります。

図4は昭和14年（1939）5月に、台北の寿《ことぶき》尋常小学校から彰化の大興《だいこう》公学校に宛てて差し出された大型封筒です。この頃の日本人向けの小学校は台北市内に樺山、寿、錦、南門、建成、幸と師範附属の7校がありました。

田総督の内台一体化政策による「内台共学」が大正11年（1922）にはじまると師範附属をのぞき、本島人でも日本語能力に問題がないとされた生徒は、小学校に入学できるようになっていましたが、実際に小学校に入学した本島人は各クラス数名程度でした。寿尋常小学校は大正4年（1915）、台北第五尋常小学校として創立されました。9月

に台北城西尋常小学校と改名、台北市が誕生し、大正11年（1922）に町名改正が実施された時に、町名にあわせて台北市寿尋常小学校となりました。現在は台北市萬華區西門國民小學となっています。

差出人は北原政吉とあり、寿尋常小学校の訓導として昭和4（1929）年度から昭和15（1940）年度まで職員録に記載されています。宛先の大興公学校は彰化縣福興庄外埔《ふっこうしょうがいほ》にありました。宛名の本田茂光は訓導です。現在は彰化縣立大興國民小學となっています。

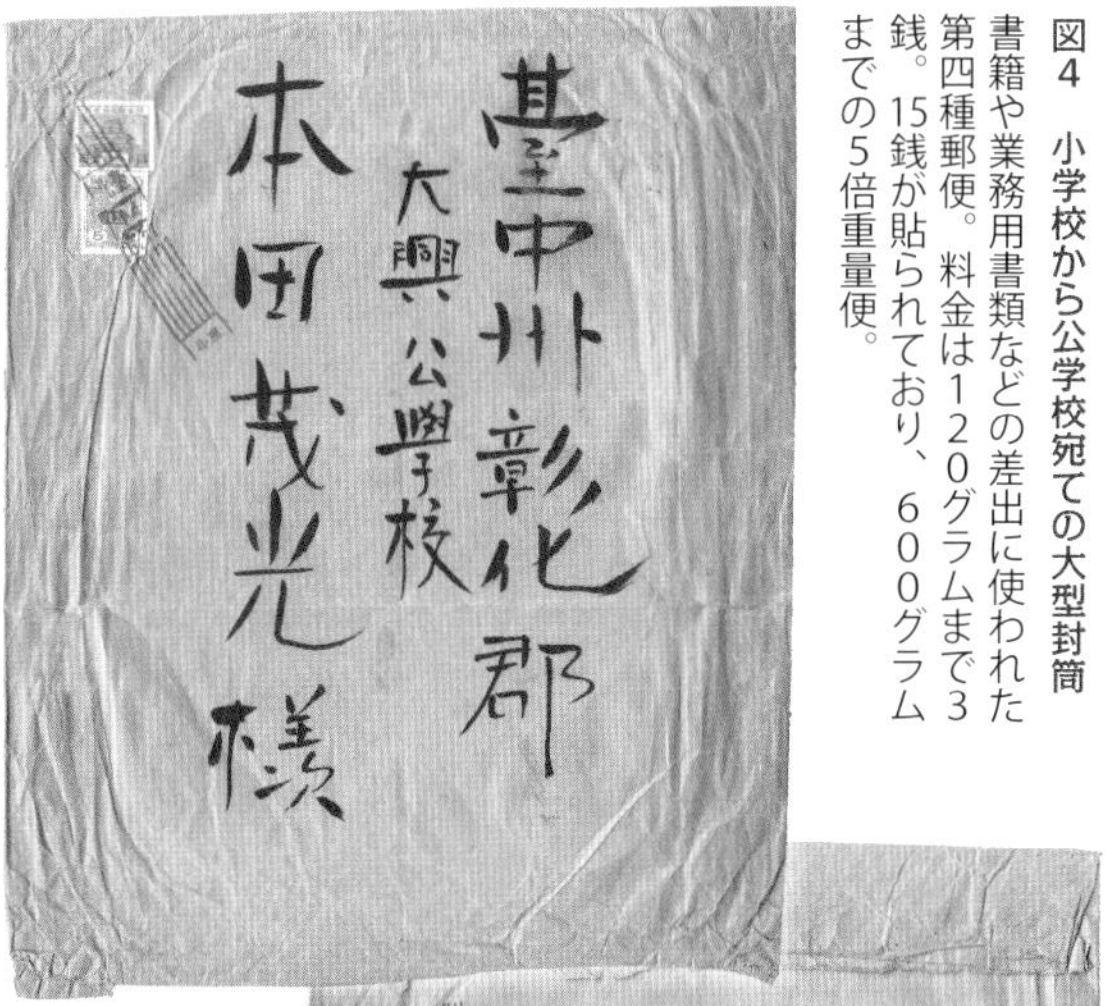

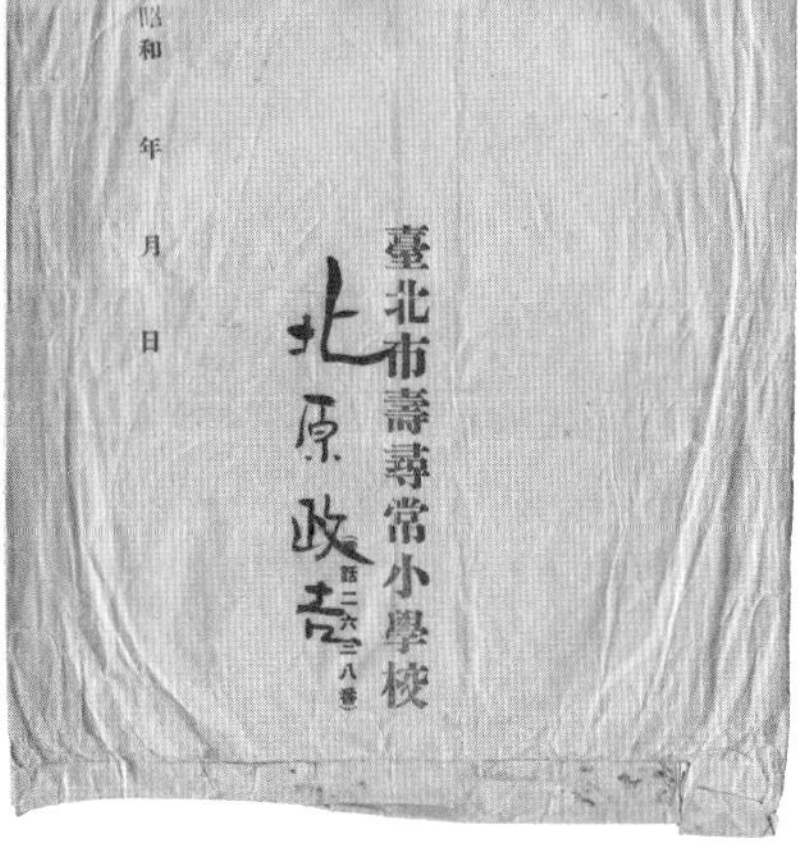

図4　小学校から公学校宛ての大型封筒
書籍や業務用書類などの差出に使われた第四種郵便。料金は120グラムまで3銭。15銭が貼られており、600グラムまでの5倍重量便。

消印部分

蕃童教育所の前に整列する原住民の子どもたち。

中島長吉、桂金太郎、井原順之助、平井数馬）と小使の小林清吉が殺害されました。ちなみに楫取道明の父親は元群馬県令の楫取素彦、母親は吉田松陰の妹、寿《ひさ》です。

その後、台湾教育界では「六士先生に続け」「芝山巖精神」という言葉が生まれます。昭和５年（1930）には芝山巖神社が建てられ、６人をはじめ台湾教育に殉

芝山巌神社跡（芝山公園）に再建された「学務官僚遭難之碑」。

じた人々を祭神として祀るようになりました。境内には明治29年建立の「学務官僚遭難之碑」や６人の合葬墓がありましたが、戦後、神社と共に破壊されました。しかし、創立100年にあたる平成７年（1995）１月１日に台北市立士林國民小學の卒業生により「六氏先生之墓」が再建、平成12年（2000）には「学務官僚遭難之碑」も復元されました。日本統治時代は「六士」が一般的でしたが、現在は「六氏」を使用しているようです。

筆者もかなり前ですが、この場所を訪れたことがあります。「学務官僚遭難之碑」は再建されていましたので、平成12年以降のことになります。芝山公園という市民の憩いの場所の一角で、かなり階段を昇った記憶があります。一通り見学をして帰ろうと年配の方の前を横切った時に、「日本人か？」と声をかけられました。横切る時に合図として手を伸ばした仕草から、日本人だと判断されたようです。いわゆる日本語世代の老人で、「ここを案内する」と言われて、もう一度、解説付きで芝山巖学堂跡地を見学することになりました。ボランティアガイドというわけではなく、久しぶりに日本語を話せて嬉しいからと突発的に声をかけてくださったとのこと。

かつては台湾を旅していると時々、こんなことがありましたが、日本語世代の方々も高齢となり、これからは難しいかもしれません。

コラム

芝山巌《しざんがん》事件

伊澤修二は台北から少し北に離れた士林街《しりんがい》近くの丘の上に立つ道教寺院芝山巌恵済宮の一角を借りて、明治28年(1895) 7月、芝山巌学堂を開き、7人の教師と共に日本語教育をはじめました。台北城内ではなく、この場所を選んだのは「教育は人の心の底に入らなければならない。土民の群中にも入らなければ教育の仕事はできない」という伊澤の覚悟からでした。

10月17日には日本語伝習第一期課程の履修者として、柯秋潔、潘光楙、陳兆鸞、潘光明、潘迺文、潘光楷の6人が証書を受け取っています。優等生の柯秋潔と第二期の優等生、朱俊英は東京への見学旅行に行き、日本の発展ぶりを目にして、帰国後は周囲に芝山巌学堂で教育を受けるように勧め、生徒数も増えていきました。

伊澤は10月に台南で薨去された北白川宮能久親王の遺骸の内地送還に合わせて、新しい教員、講習員スカウトのため、教師の山田耕造と共に日本に帰国します。その帰国中の明治29年(1896) 1月1日に事件は起こりました。清国の敗残兵、陳秋菊と新竹を本拠とする土匪、簡大獅、胡阿錦らを主力とする武装集団が蜂起し、台北周辺も騒然となりました。

生徒たちを引率して台北城での拝賀式に向かう途中だった教師たちは、河を渡る船を待ちましたが、船がなく引き返し、生徒たちを帰宅させたあと、再び芝山巌を下りようとした時に武装集団に襲撃され、6人の教師(楫取《かとり》道明、関口長太郎、

戦前の芝山巌神社。中央に「学務官僚遭難之碑」が建っている。

美麗島メモリアル

原住民の盛装と暮らし

台湾東部海岸に居住するアミ族の盛装した一家。アミ族は人口4万人を越え、農業などの生業に従事した。

「日本地理風俗体系 台湾編」（昭和6年刊）より

荷物を頭から吊して運ぶ角板山の原住民。

和装姿のタロコ族の娘。額の四角は刺青で、タロコ族の風習だった。

第六章

住民の抵抗運動

原住民の狙撃

民政に移行した後も、台湾総督府の統治に抵抗する運動は続きました。漢族系の本島人の大規模な武力紛争は大正期に収束しましたが、「理蕃《りばん》事業」に伴う原住民の大規模な武装蜂起も昭和5年（1930）に起きた霧社《むしゃ》事件が最後となりました。その後の抵抗運動は言論など非武装の活動に変わっていきます。

本島人・原住民の武装抵抗

■様々な背景を持つ抵抗運動

日本が領有する前の台湾について、台湾出身の評論家で歴史家の黄文雄《こうぶんゆう》氏は「訌乱匪徒《こうらんひと》の巣窟」と表現し、アメリカの西部劇と「水滸伝」を足して2で割ったような世界だったと思えば、ほぼ間違いないと述べています。さらに4つの文化・社会集団があったとし、第一集団を山地原住民と平地原住民、第二集団を泉州語系と漳州語系の先住移民と後来の客家《はっか》語系移民から構成される新移民集団、第三集団を三年または一年交代で中国大陸からやってきた流動性の高い官吏と兵士集団、第四集団を山林、渓谷、荒野あるいは村ごとに跋扈する匪賊集団としています。

これらの異なる集団間では殺し合いや略奪があり、さらに同じ集団内でも同様なことがおきてきました。清国の統治に従わないもの、とくに匪賊集団は「土匪《どひ》」と呼ばれ、この呼称は日本統治時代にも引き続き使用されています。土匪は黒澤明監督の名作映画「七人の侍」の中に出てくる野盗集団に近い存在だったと考えられます。清国の統治には従わず、収穫期には村を襲って略奪行為を繰り返していました。統治者が日本に変わっても、その行動は変わりませんでした。また清国統治時代に利権を持っていた有力者などを中心に、利権喪失に抵抗する勢力もありました。さらに異民族である日本の支配を良しとしない民族主義的なグループもありました。

台湾民主国が崩壊し、組織的な武装闘争が収束したことを受けて、明治29年（1896）4月1日に民政に移行し、日本軍の兵力が減少したのちも、様々な背景と動機を持つ集団による武装抵

図1　乃木希典

写真提供：郵政博物館

抗運動が続きました。

明治30年（1897）6月26日、第3代台湾総督乃木希典（**図1**）は三段警備制を実施します。これは全台湾を「危険地区」「不安定地区」「安全地区」に分け、危険地区は軍隊と憲兵が、不安定地区は憲兵と警察が、安全地区は警察が警備の責任を持つというものでしたが、期待した成果は上げられず、一年ほどで廃止（明治31年6月20日）されました。

第4代総督児玉源太郎の時代になると、後藤民政長官はアメとムチという両面作戦を用います。土匪の頭目に対し、帰順を呼びかけ、投降してきたものには仕事やポストを与える一方、明治31年（1898）8月31日、保甲《ほこう》条例を制定し、保甲という清国時代からある本島人の自治組織を、警察官の指揮命令を受けるものに改変しました。

これにより住民の相互監視、密告が進みました。同年、11月5日には匪徒刑罰令を発布します。この律令は匪族の犯罪行為を厳しく取り締まるもので、多くの行為が死刑と規定されていました。その一方で、大幅な減刑や刑の免除も可能で、裁量の余地の大きな律令でした。いわば土匪たちに帰順を促すための脅しという側面のあるものだったと言えるでしょう。

■本島人最後の武力闘争「西来庵《せいらいあん》事件」

とはいえ、苛烈な匪徒刑罰令によって、多くの「土匪」とされた人物が死刑となっています。大正4年（1915）に起きた西来庵事件では1957名の被告のうち、判決で866名が死刑、453名が懲役刑を宣告されています。この大量の死刑判決は日本国内の世論と帝国議会の厳しい批判を招き、第6代総督の安東貞美（**図2**）は、大正天皇即位記念の大赦の名目で減刑を宣言します。しかし、すでに95名の死刑執行が済んでいました。三権分立の考え方では、司法に対する干渉ということになりますが、台湾の司法組織は台湾総督の指揮下にあったので、そんな手法も取ることができました。

西来庵事件は、事件の中心となった噍吧哖《たばにー》という地名から噍吧哖事件、または首謀者の名前から余清芳事件とも呼ばれています。余清芳（**図3**）は元台湾総督府台南庁の巡査補でしたが、退

図2　安東貞美

図3　余清芳

国立国会図書館所蔵

職後、台南の西来庵を拠点に抗日を説く宗教団体を主宰し、まもなく神があらわれ、「大明慈悲国」を打ち立てて日本を追い出す。蜂起に加われば褒美がもらえると宣伝し、信徒を増やしていました。蜂起の計画は警察の察知するところとなり、余清芳は山中に逃走、やがて信徒と共に甲仙埔《こうせんほ》や噍吧哖の日本人を襲撃して、95名を殺害する事件を起こしました。日本側もその報復で多くの本島人を殺害したとも言われています。ちなみに噍吧哖は大正9年（1920）に玉井《たまい》と改称しています。本島人の大規模な武装闘争は西来庵事件が最後となりました。

■非常通信規則の制定

一方、生蕃や蕃人と呼ばれていた山地に住む原住民と日本人の衝突事件も、統治当初からしばしば起こっています。本島人や原住民により主な武装抵抗事件をまとめると、当ページの表のとおりとなります。このような時の通信手段として、明治29年（1896）7月21日に「非常通信規則」が制定されました。これは台湾総督府管内で緊急を要する事変が起きた場合に、利用することができた郵便、電信、電話の制度でした。台湾総督府の官庁と官吏、軍隊と軍人、軍属、特別の許可を得たものなどは、台湾総督府管内に宛てた郵便、電信を無料で発することができました。郵便については「非常郵便」と朱書きすることになっていました（非常通信規則施行細則）。

非常通信については、台湾で発行されている雑誌「郵史研究」第十八期（1999年）に孔繁謀《コンファンモウ》氏による記事があり、使用された局名、非常通信所名の一覧と開廃時期が掲載されています。しかし、この記事には数字の誤りがあり、次の第十九期（2000年）で修正記事が出ていますので、データ使用の際は注意が必要です。これを訂正し、開廃の告示番号やどの事変に相当するの

主な武装抵抗事件

年号・西暦	事件名	首謀者・部族
明治29（1896）	劉徳杓事件	劉徳杓
〃	雲林事件	柯鉄・簡義
〃	新城事件	タロコ族
明治35（1902）	南庄事件	サイシャット族
明治39（1906）	威里事件	タロコ族
明治40（1907）	北埔事件	蔡清琳
明治41（1908）	七脚川事件	アミ族
明治43（1910）	大嵙崁事件	タイヤル族
明治44（1911）	麻荖漏事件	アミ族
〃	南投事件	陳阿榮
〃	土庫事件	黄朝
大正２（1913）	苗栗事件	羅福星
〃	関帝廟事件	李阿斉
〃	東勢角事件	頼来
〃	新竹大湖事件	張火炉
〃	沙拉茂事件	タイヤル族
大正３（1914）	太魯閣事件	タロコ族
〃	六甲事件	羅嗅頭
〃	霧台事件	ルカイ族
大正４（1915）	西来庵事件	余清芳・羅俊・江定
〃	大分事件	ブヌン族
大正６（1917）	霞喀羅事件	タイヤル族
昭和５（1930）	霧社事件	セデック族
昭和７（1932）	大關山事件	ブヌン族

かをまとめたものが、雑誌「環球華郵研究」第三期の林志明《リンチーミン》氏の記事です。いずれも台湾の雑誌なので、大変かもしれませんが、非常郵便に興味のある方は一読をお薦めします。

■佐久間総督の理蕃事業

原住民の多くには、異なる部族を襲撃して首を狩るという習俗があり、これを出草《しゅっそう》と言いました。襲撃の対象は原住民同士、本島人、日本人など様々なケースがありました。第5代台湾総督佐久間左馬太《さまた》（図4）は蕃人に対する統治を浸透させようと、明治42年（1909）、警察本署蕃務課長大津麟平に五箇年計画理蕃事業を立案させ、蕃人の武器弾薬の押収を目的として、翌年より台北に近い北部の蕃地への討伐作戦に踏み切りました。

図4　佐久間左馬太

初年度にあたる明治43年（1910）には、タイヤル族（図5）の有力集団であるガオガン蕃方面に対する隘勇《あいゆう》線前進作戦を実施しました。表の大嵙崁《だいかかん》事件にあたります。注意しなければならないのは、大嵙崁事件といった場合は清国領台時代の劉銘伝による1886年から1892年にかけての討伐戦と、日本統治後の明治33年（1900）から明治43年（1910）にかけての討伐戦を意味する場合があるということです。混同を避ける意味で、本文中ではガオガン蕃方面前進戦と表記します。

明治43年（1910）、桃園《とうえん》庁管内のガオガン蕃は山を越えて、宜蘭庁の道路開削隊を攻撃しました。台湾総督府の反撃を予想したガオガン蕃は、新竹庁管内のキナジー蕃、マリコワン蕃と連携し、抵抗の構えをみせました。そこ

図5　タイヤル族の記録
「台湾写真帖」（明治41年刊）より。説明には「人口約二万六千を有し最も凶猛にして殺人馘首を本分とす」とある。

で台湾総督府は宜蘭庁、新竹庁、桃園庁の各庁長が直率する前進隊を、ガオガン蕃方面に向けて前進させましたが、抵抗が激しく急遽、歩兵一箇連隊、砲兵一箇中隊を投入し、激戦の結果、多くを帰順させると共に、武器弾薬を押収、隘勇線も大きく前進させました。

隘勇線とは、帰順していない原住民を山地に閉じ込めるためのもので、電流を流した鉄条網を配し、要所に大砲を擁する砦を築きました。ガオガン蕃方面前進戦は警察隊、軍隊合わせて461名の死傷者を出していますが、これは武力抵抗事件の中でも最大の被害です。

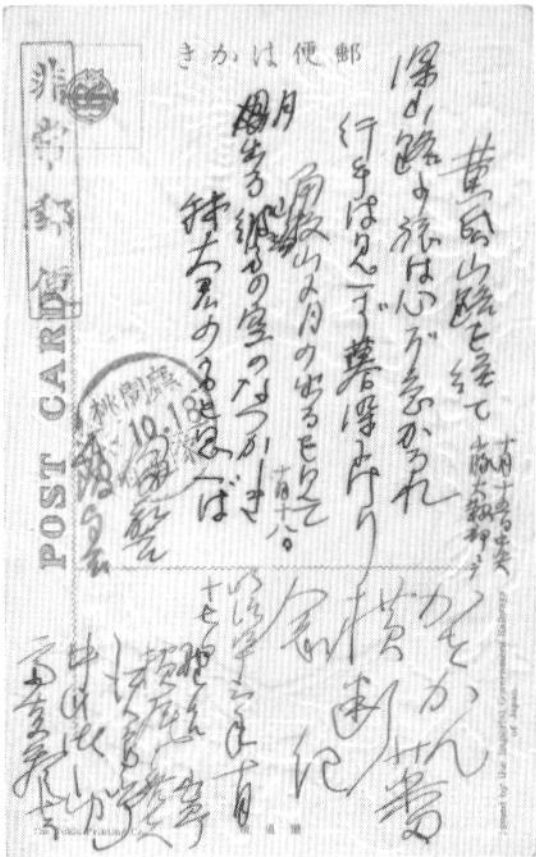

図6　大嵙崁事件時の葉書
桃園廳43・10・18前進隊の朱印があり、ガオガン蕃方面前進戦の時の使用とわかる。実際に郵便で運ばれたものではない。

■非常郵便の使用例から

図6はガオガン蕃方面前進戦時に桃園隊前進隊の隊員による寄せ書きの葉書です。「桃園廳43・10・18前進隊」の朱印がおされており、上部には10月15日中央山脈大鞍部ニテの書き込み、和歌2首と2名の署名があり、下部には「がをかん蕃横断記念」明治四十三年十月十七日として5名の署名があります。いずれも達筆すぎて臺灣総督府職員録では確認できませんでした。注目すべきは左肩に押された「非常郵便」の朱印です。おそらく絵葉書にあらかじめ、この印を押したものが用意されていたのかもしれません。この葉書は実際に非常郵便として逓送されたものではなく、隊員が記念品として作成したものですが、ガオガン蕃方面前進戦の貴重な資料と言えるでしょう。

図7は大正2年（1913）の沙拉茂《サラマオ》事件の時に、差し出された非常郵便です。

図7　沙拉茂事件時の非常郵便
差出人は陸軍技手。軍属で判任文官にあたる。沙拉茂事件の非常郵便は太魯閣事件、霧社事件に比べて稀少である。

引受局は埔里社《ほりしゃ》で、非常通信の取扱期間は大正2年8月1日から9月11日でした。差出人は南投廳下サラマオ陸軍経理部倉庫小船技手《ぎて》とあります。サラマオは他に薩拉矛や斯拉茅などの漢字が当てられることがあります。サラマオ蕃、シカヤウ蕃（いずれもタイヤル族）の帰順、武器弾薬の押収を目的としたものです。なお、サラマオ事件といえば、大正9年（1920）の駐在所襲撃などで日本人19人が殺傷された事件もありますが、この時には非常通信所は開設さ

れませんでした。

そして五箇年計画理蕃事業最終年にあたる大正3年（1914）5月、総仕上げとして佐久間総督を討伐司令官とする警察隊および陸軍部隊による太魯閣《タロコ》蕃討伐作戦（表の太魯閣事件）が行われました。佐久間司令官は合歓山《ごうかんざん》、関ヶ原、ガパラオを経てセラオカフニ渓谷に至り、凱旋までここに司令部を置きました。6月26日には作戦指揮中に岩崩れのために負傷するというアクシデントもありましたが、8月にはおおむね討伐作戦を終了し、台北に凱旋（図8）、9月5日に祝賀会を開いています。太魯閣蕃はこの当時、タイヤル族の支族として扱われていましたが、2004年に中華民国内政部からタロコ族として独自の民族として認定されました。

次ページ図9は大正3年（1914）5月20日に、埔里社（取扱期間：5月14日～9月2日）から差し出された非常郵便です。差出人の矢田耕造は第一守備隊司令部付陸軍軍医正です。図10は6月1日に

図8　大正三年九月・討蕃隊凱旋記念絵葉書

絵葉書の発行日は大正3年（1914）9月5日。佐久間総督が討伐から台北に凱旋し、祝賀会を開いた当日。上の絵葉書は佐久間総督と台北に築かれた凱旋門を描く。下の絵葉書は民政長官・内田嘉吉と原住民を描き、写真は「佐久間総督合歓山太魯閣蕃界下瞰ノ光景」（左上）、および「木瓜渓岸物資輸送ノ難状」（右下）。

図9　太魯閣事件時の非常郵便

太魯閣事件の非常郵便の取扱局、非常通信所は9局所で使用例も比較的多く残されている。

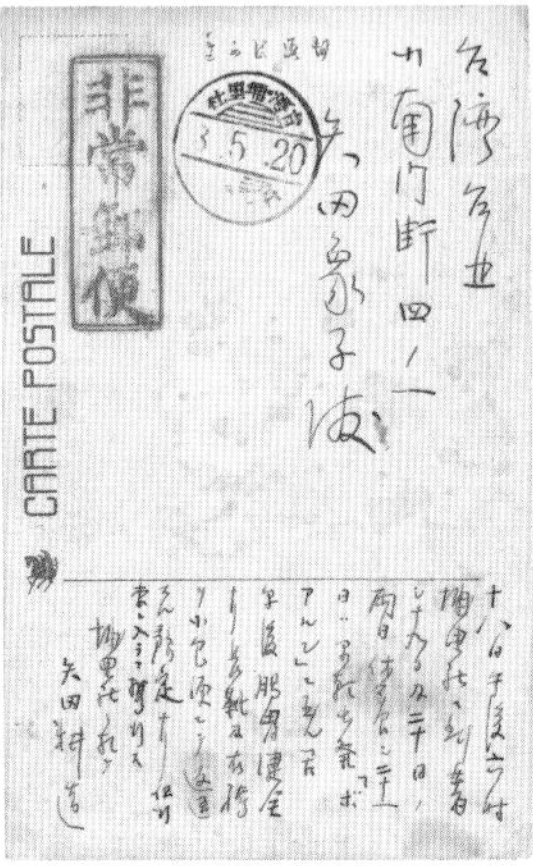

図10　太魯閣事件時の非常郵便

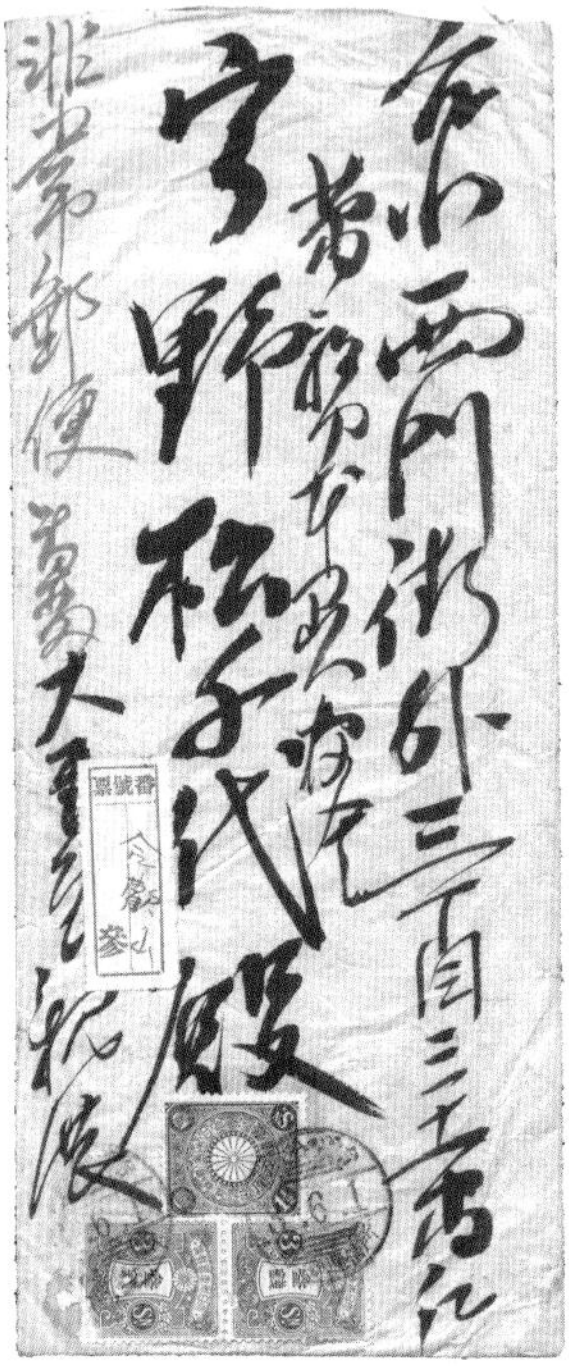

非常郵便規則施行細則によれば受付は普通郵便物に限るとされていて書留扱いは異例。

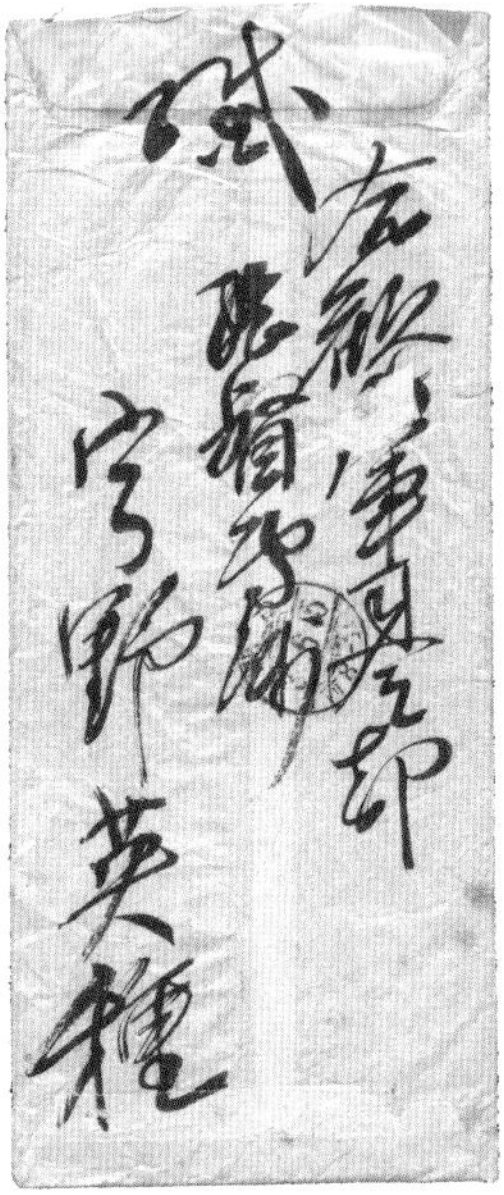

合歓山非常通信所（設置期間：5月23日～8月6日）から差し出された書留便です。7銭5厘分の切手が貼られています。基本料金は無料で書留料金が7銭でしたので、5厘分は料金が過剰となっています。葉書料金用の1銭5厘の切手しか用意が無かったためだと思われます。非常郵便の書留便はこの1通しか見つかっていません。差出人は台湾総督蕃務本署理蕃課の宇野英種警視で、総督直属として佐久間総督と行動を共にしていました。**図11**は宇野がセラオカフニ非常通信所（設置期間不明）から7月16日に差し出したものです。

非常通信取扱の開廃期間は台湾総督府告示で発表されますが、セラオカフニ非常通信所だけはこの告示があり

台湾の原住民から。「台湾写真帖」（明治41年刊）より

ツォウ族。山地に住み、写真は阿里山付近の原住民。古来、首を狩る習俗が行われていたが、19世紀初頭に呉鳳なる人物がその習俗を途絶えさせたとされる。右上円内が呉鳳の像。

ません。現在、報告されている最古データは7月1日、最新データは8月3日です。

■蕃人の帰順とその後

佐久間総督による五箇年計画理蕃事業により、蕃人の帰順が進み、ほとんどの蕃地には警察官の駐在所が設置されるようになりました。警察官は本来の治安に関する業務だけでなく、村ごとに設置された交易所の管理、農林業の指導、簡単な医療行為、蕃童教育所での教育など、様々な業務に献身的に取り組んだものも多かったようです。

そのため村人に慕われる警察官もいました。昭和13年（1938）に蘇澳《すおう》郡リヨヘン社駐在の田北正記警手の出征時に、見送りに参加した村の少女サヨンが事故で命を落とした事件は、「サヨンの鐘」として昭和16年（1941）年に渡辺はま子のヒット曲となり、2年後には李香蘭（山口淑子）主演で映画化もされています。

ただ、後述する霧社事件を誘発した原因のひとつに、複数の警察官の服務規律の乱れがあったとも言われており、問題のある警察官も少なくなかったようです。

図11　太魯閣事件時の非常郵便

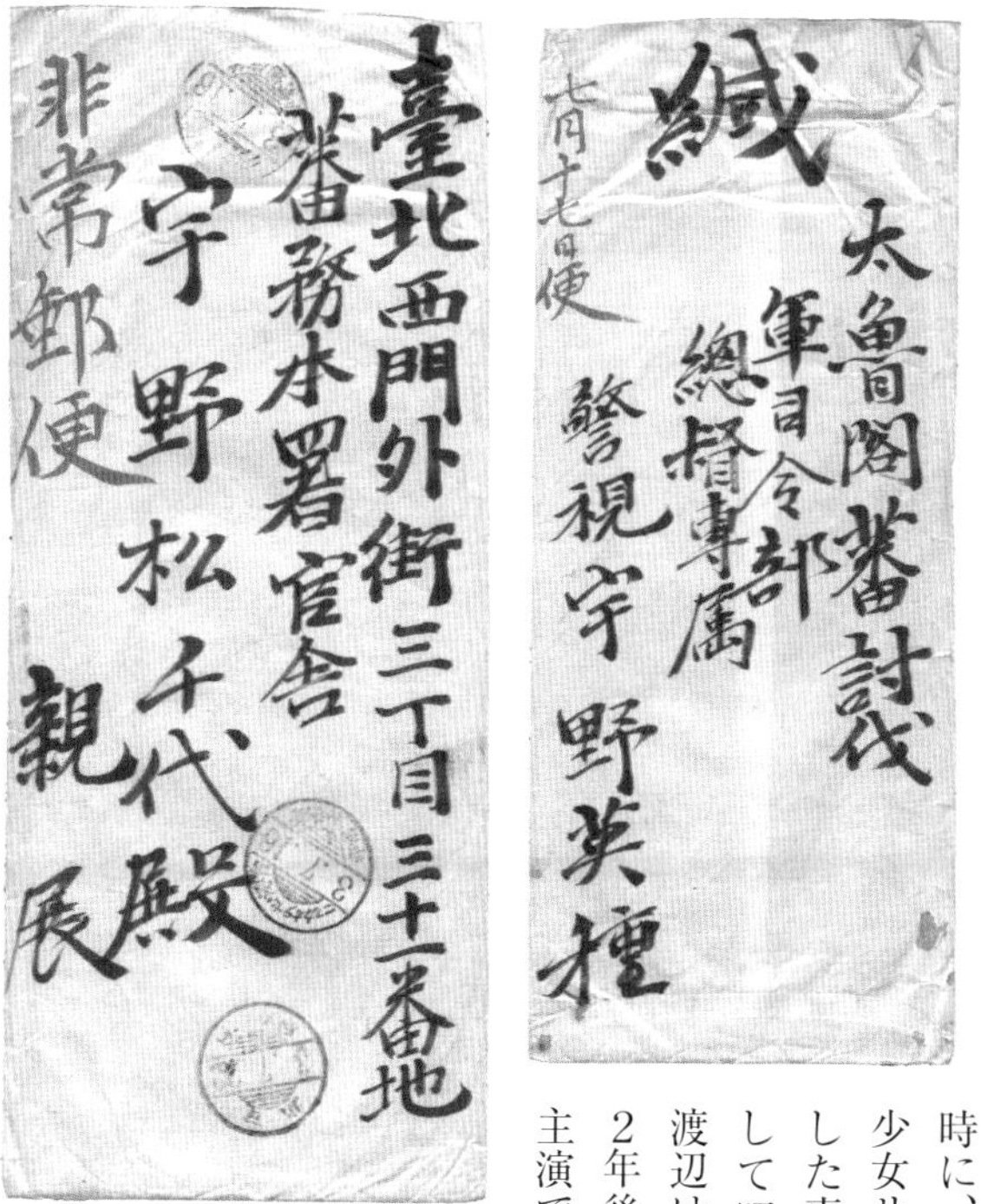

宇野英種警視差出の非常郵便はこの他にも数点が見つかっている。

プユマ族。台湾東海岸に居住。すべて平地に暮らし、大きな集団部落をなし、道路等も整然としており、「進化したる蕃族」とされていた。写真は盛装姿のプユマ族。

また本島人２名（24歳と９歳）が日本人と間違えられて殺害されています。９歳の女の子は和服を着ていました。

この凶変を受けて、台中州で警察隊が組織され、２日後の29日には霧社を奪還しています。蜂起に加わったのは霧社にある11蕃社のうち、マヘボ社、タロワン社など６蕃社で、参加しなかった蕃社からも同調者がいました。蜂起した原住民を反抗蕃、自重し、台湾総督府側についた原住民を味方蕃といいましたが、山地に籠って抵抗を続ける反抗蕃を討伐するために、警察隊に加え、飛行隊を含む陸軍部隊、さらに味方蕃も参加して、12月中には掃討を終了し、治安は回復されました。しかし、この事件の衝撃は大きく、石塚英蔵総督が更迭されるなど幹部人事も大きく変わっています。**図12**は霧社非常通信所に派遣された逓信部庶務課書記の上妻宗則から差し出された非常郵便です。

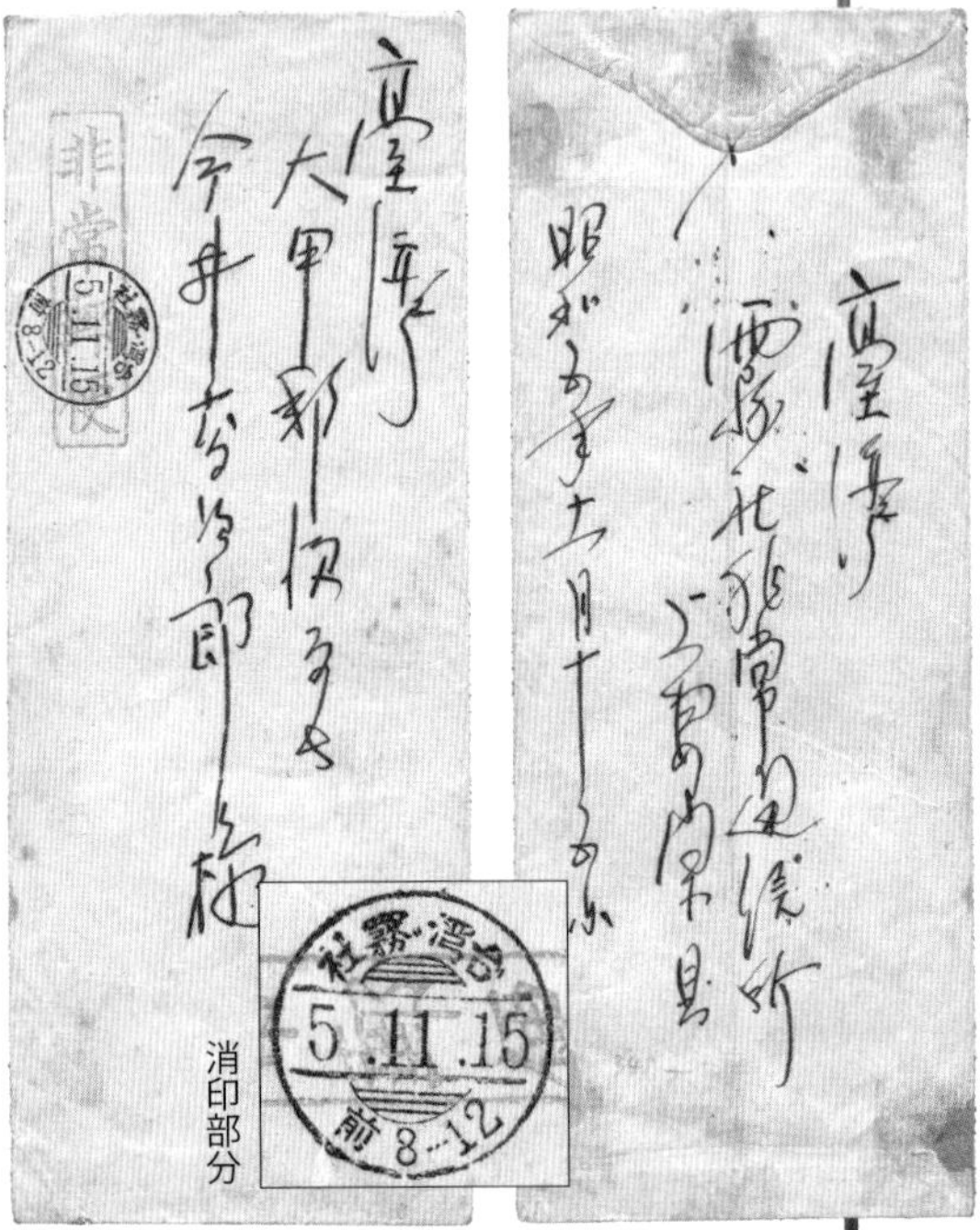

図12　霧社事件時の非常郵便
霧社事件での非常郵便取扱局は埔里郵便局（11月１日～11月30日）と埔里郵便局霧社出張所（11月３日～12月27日）の二ヵ所。

2011年、台湾で「賽德克《セデック》・巴萊《バレ》」という魏徳聖《ウェイダーション》監督の映画が公開されました。これは霧社事件の首謀者モーナ・ルダオを主役にした映画です。中華圏の最高の映画賞である金馬奨《ジンマージャン》で最優秀作品賞など５部門を受賞しています。日本でも「セデック・バレ」というタイトルで2013年に公開されました。この映画によって台湾でも霧社事件のことは、若い世代にも知られるようになっています。見応えのある素晴らしい作品ですが、史実を忠実に再現したわけではありません。その点は踏まえて考えることが必要でしょう。

霧社に一度、訪れたことがあります。埔里からバスに乗り山道をかなり登ったところに霧社の町がありました。ちょうど桜の季節で、バス通り沿いに濃いピンク色の桜の花が出迎えてくれたのを覚えています。霧社のバス停近くに抗日起義紀念公園があり、モーナ・ルダオ（莫那魯道）の銅像や抗日原住民像などがありました。その日は近くの廬山《ルーシャン》温泉に宿泊しました。温泉といっても、日本とは違い水着で混浴というスタイルでした。

コラム

霧社《むしゃ》事件

日本の台湾統治時代の武力抵抗事件といえば、すぐに名前があがるのが霧社事件です。台湾と日本の交流の歴史に関心があれば、北埔《ほくほ》事件や西来庵事件は知らなくても霧社事件を知らない人はいないでしょう。昭和5年(1930)10月27日、セデック族マヘボ社の頭目モーナ・ルダオの率いる原住民約300人が、台湾中央の台地、霧社各地の駐在所を襲撃したのち、霧社公学校で行われていた連合運動会の会場を襲いました。これは霧社尋常小学校(日本人児童約40人)、霧社公学校(原住民児童205人、本島人児童5人)、マヘボ蕃童教育所(34人)、ボアルン蕃童教育所(50人)の合同の運動会でした。

モーナ・ルダオ(中央)と霧社蕃の有力者。海老原耕平「霧社討伐寫眞帖」(共進商會、1931年刊)

運動会には来賓をはじめ、児童の家族ら一般市民が集まっており、日本人とみなされたものは殺害されました。この日、霧社には日本人227名がいましたが、134名が死亡、うち62名が学童でした。

霧社事件勃発後、数ヵ所に収容された霧社の原住民の様子。 「日本地理風俗体系 台湾編」より

原住民の居住地

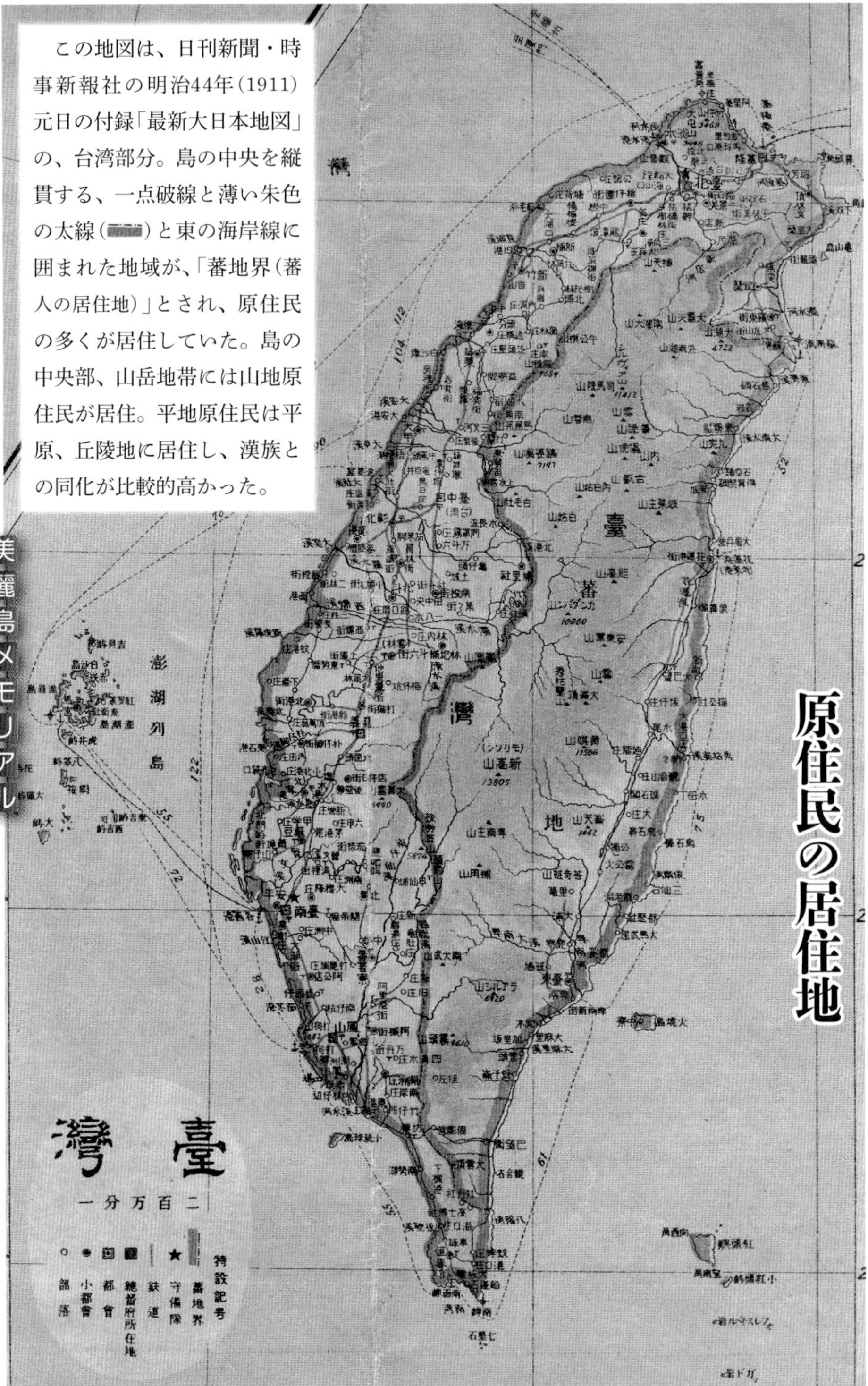

この地図は、日刊新聞・時事新報社の明治44年(1911)元日の付録「最新大日本地図」の、台湾部分。島の中央を縦貫する、一点破線と薄い朱色の太線(▬)と東の海岸線に囲まれた地域が、「蕃地界(蕃人の居住地)」とされ、原住民の多くが居住していた。島の中央部、山岳地帯には山地原住民が居住。平地原住民は平原、丘陵地に居住し、漢族との同化が比較的高かった。

第七章 殖産興業

上・製糖工場の煙突と積まれた甘蔗（サトウキビ）の山。

下・台湾南部、屏東の台湾製糖阿緱工場の光景。畑で刈り取った甘蔗は列車で次々に工場へと運ばれる。

新領土となった台湾は、日本本土よりも温暖な気候で、様々な特産物の収穫が期待できました。台湾総督府は殖産部門、とりわけ農業の振興に力を入れ、台湾の住民の食生活を安定させると共に財政を健全化し、さらに日本本土への食糧供給基地としての役割も担うことに成功しました。

糖業・米作・林業・茶業について

明治34年（1901）11月5日、第4代台湾総督児玉源太郎は、総督官邸に総督府高等官、各県知事、各庁長、辦務署長、内地本島紳士、各県各庁参事、街庄長などを集め、台湾総督府の急務は資力の開発養成だと話し、殖産興業に関して9つの大綱をしめしました。

第一　糖業の振興
第二　茶業の挽回
第三　森林の利用
第四　米作の改良
第五　豚の繁殖
第六　牛畜の保護
第七　煙草の栽培
第八　その他の産業
第九　農業金融機関の設備

以後、台湾総督府の殖産興業に関する方針は、概ね児玉総督のビジョンに沿ったかたちで進んでいくことになりました。

■糖業の発展と新渡戸稲造の貢献

明治28年（1895）5月、台湾総督府民政部内に殖産部が設置されました。部長心得に橋口文蔵が就任します。橋口は元札幌農学校長で樺山資紀総督の甥でした。殖産部は農業、商業、工業、林業、鉱業など、産業全体を統括する部局です。明治30年（1897）、殖産部が廃止され、民政局殖産課となりました。

明治31年（1898）、児玉源太郎が総督に就任、後藤新平民政局長（のち民政長官）と様々な改革に乗り出します。殖産課長に招聘したのが、札幌農学校を病気のために休職中だった新渡戸稲造です（**図1**）。後藤も新渡戸も岩手県人ですが、後藤は水沢藩、新渡戸は南部藩であること考えると、同郷を意識したというよりもスキルの高さを評価したものでしょう。新渡戸は台湾行を

図1　新渡戸稲造

写真提供：日本近代文学館

図2　台湾初の製糖会社、台湾製糖の橋仔頭工場。

二度断っていますが、三度目に後藤の長文の電報を受けてついに渡台を決意、明治34年（1901）、民政部殖産課長に就任します。同年11月には殖産課が殖産局に格上げされたことに伴い、局長心得となりました。

そして、砂糖の原材料である甘蔗《かんしょ》（サトウキビ）の栽培状況やこれまでの製糖業の調査を行い、明治34年（1901）9月に糖業改良意見書を提出しました。そこでは糖業不振の原因をあげると共に、振興策の提言として、甘蔗の品種改良、栽培方法の改良、水利灌漑、大規模機械製糖工場の建設などを具申しています。台湾総督府はこの意見書をもとに糖業の振興につとめ、以後、台湾の糖業は原材料である甘蔗生産と製品である製糖業が共に大きく発展していくことになります。明治36年度（1903）の産糖高は7600万斤《きん》（1斤＝600《グラム》）でしたが、明治44年度（1911）には産糖高3億斤と飛躍しています。

新渡戸は明治35年（1902）6月には臨時台湾糖務局長を兼務しましたが、明治37年（1904）6月、台湾総督府在籍のまま、京都帝国大学教授に就任。一年後には専任となり、台湾総督府の任を離れました。新渡戸の台湾在勤期間は短いものでしたが、台湾の農業、とりわけ糖業についての貢献は大きく、現在、高雄市橋頭《ジャオトウ》区にある台湾糖業博物館では、「台湾砂糖の父」として新渡戸の胸像が展示されています。

新渡戸の招聘以前より、児玉・後藤コンビは台湾の殖産興業の決め手は特産物の生産、とりわけ製糖業の振興にあると考えていました。そこで三井財閥に働きかけ、台湾初の新式製糖会社である台湾製糖株式会社が明治33年（1900）12月に誕生します。初代社長には日本精糖専務の鈴木藤三郎が就任しました。台湾総督府は同社に多額の補助金を出して支援し、明治34年（1901）10月に台南県橋仔頭《きょうしとう》庄（現・高雄市橋頭区 **図2**）の製糖工場が落成、翌年1月から操業を開始しました。

図3　台湾製糖橋仔頭工場宛の封書

明治42年５月28日／打狗東港間／上二便／臺南局係員、という鉄道郵便印で引受けられている。

操業当初はしばしば土匪の襲撃があり、そのため山本悌二郎支配人以下、日本人従業員には歩兵銃が一丁ずつ配られていたそうです。山本は支配人在任中に衆議院議員（新潟一区）となり、のちには農林大臣に2度就任しています。その間、大正10年（1921）には台湾製糖の社長に就任しました。

図3は台湾製糖橋仔頭工場宛の封書です。名宛人の丸田主事とは丸田治太郎のことです。丸田は新潟県人で、日本勧業銀行時代に同郷の山本悌二郎の知遇を得て、台湾製糖設立時に誘われて台湾に渡り、工場用地の買収を担当しました。その後、常務取締役に昇進しています。

明治36年（1903）12月に塩水港《えんすいこう》庁岸内庄で塩水港製糖会社（現・塩水港精糖株式会社）が設立、明治37年（1904）10月に鳳山《ほうざん》山子頂（現・高雄県大寮郷《ダーリャオ》）で新興製糖工場が操業をはじめます。新興製糖工場は2年後には新興製糖株式会社と改称しています。同社の経営者は本島人の陳中和《ちんちゅうわ》で、高雄陳家といえば第一章に出てきた辜顯榮一族などと同様に台湾五大家族の一つとされています。新興製糖は台湾の大規模製糖会社としては珍しい本島人資本の会社でした。

明治39年（1906）11月には渋沢栄一を相談役、日本郵船出身の小川鉡吉《ぜんきち》を会長、台湾総督府臨時糖務局技師だった相馬半治を専務とする明治製糖株式会社が設立、いずれも台南庁内で蕭壠《しょうろ》製糖所（明治41年作業開始・下図）、蒜頭《さんとう》製糖所（明治42年作業開始）、総爺《そうや》製糖所（明治45年作業開始）が操業を開始しました。

図4は、台南庁麻豆《まとう》庄の明治製糖総爺製糖所の菊池捍《まもる》から、盛岡に差し出された封緘葉書です。菊池は岩手県花巻の出身で、宮沢賢治の「黒ぶだう」のベチュラ公爵のモデルとして知られた人物です。同郷の新渡戸稲造とは交流があり、札幌農学校を卒業して助教授となっていました。明治製糖には大正2年（1913）に入社、大正13年（1924）には北海道の明治製

明治41年の創業に向けた明治製糖の工場施設の組立光景と甘蔗畑。

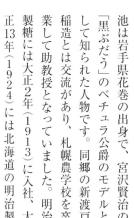

図４　明治製糖・菊地捍のはがき

入社間もない大正２年11月27日に、郷里の岩手県宛てに差し出された封緘葉書（３銭）。

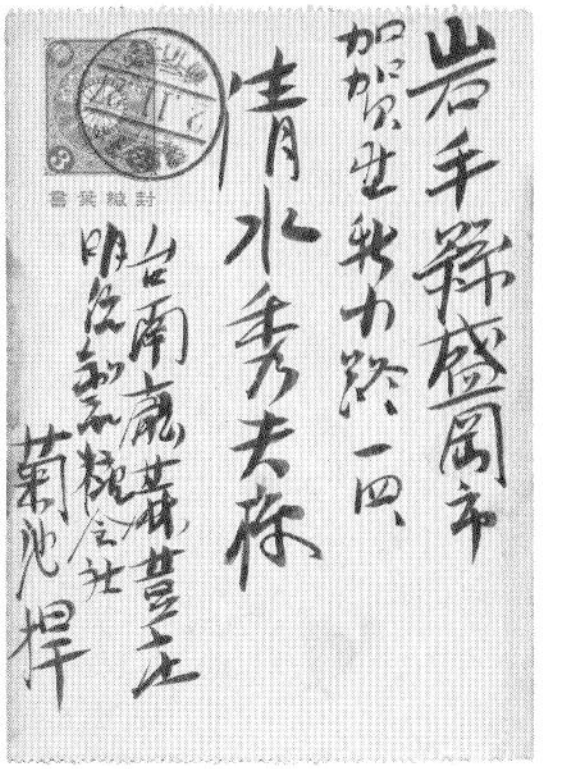

台湾南部・屏東の甘蔗栽培の様子と、
台湾製糖阿緱工場（右上の写真）と屏東の市街（左下の写真）。

糖十勝清水工場長となり、本土に戻りました。明治39年（1906）12月には大日本製糖株式会社が台湾総督府から斗六《とろく》庁虎尾《こび》に工場の設立を許可されています。ちなみに明治製糖と大日本製糖は、平成8年（1996）に合併して大日本明治製糖となっています。

明治43年（1910）には山下秀實によって帝国製糖が設立されます。帝国製糖は先行する製糖会社の空白地を埋めるように、台中周辺の中小製糖会社を買収し、台中に本拠地を置きました。帝国製糖は昭和15年（1940）に大日本製糖に吸収合併されました。帝国製糖（大日本精糖）台中工場は戦後、台湾糖業台中工場となりましたが、民国79年（1990）に操業を停止、現在は台糖湖浜生態園区として公園となっており、そこに三井ショッピングパークららぽーと台中が2022年に開業を予定しています。図5は帝国製糖台中本社から東京出張所に宛てて差し出された書留便です。

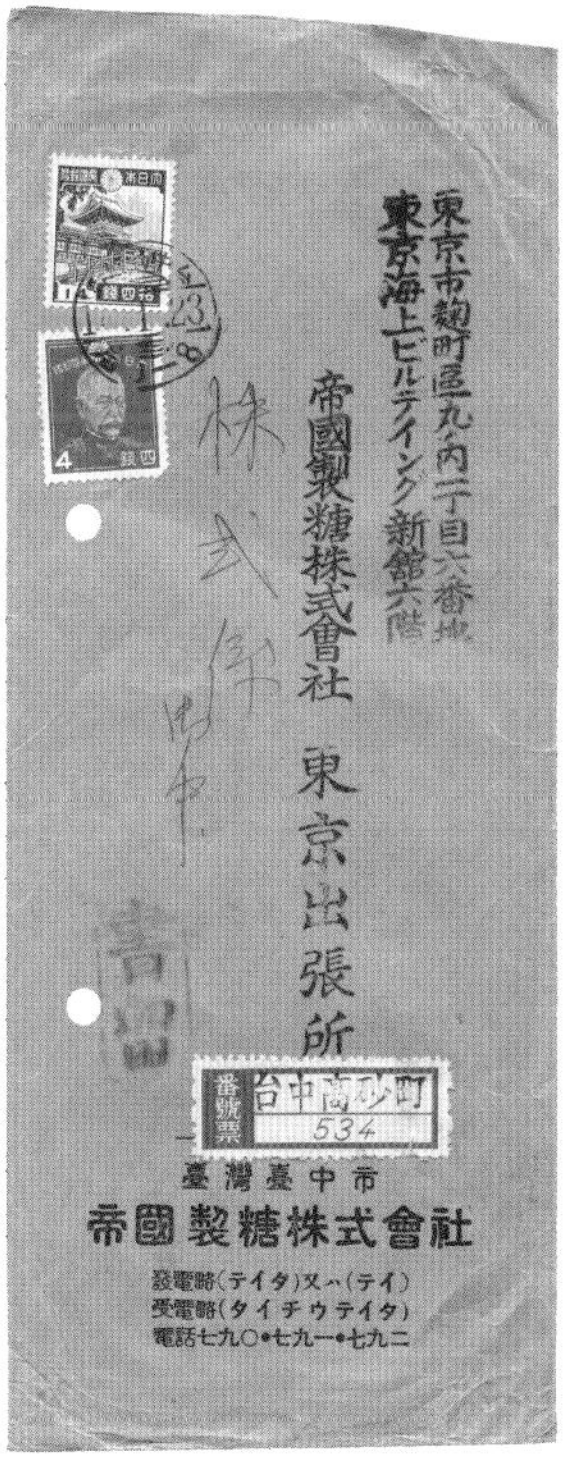

図5　帝国製糖台中本社からの書留便

昭和14年1月23日、台中高砂町郵便局引受の書留便（書留料金14銭＋書状料金4銭）。

■八田與一の嘉南大圳《かなんたいしゅう》

台湾総督府殖産局が糖業に続いて力を入れたのが、稲作の促進です。稲作に必要なものは「水」と「米」ですが、「水」で貢献したのが、烏山頭《うさんとう》ダムを完成に導き、嘉南平野を嘉南大圳と呼ばれる

烏山頭ダムの建設
ダムの中心部をコンクリートで固める作業。

図6　八田與一

水利施設で肥沃な土地に生まれ変わらせた土木技師の八田與一《よいち》（図6）です。一方、「米」で貢献したのが、稲の品種改良に取り組み、台湾の風土に合った蓬莱米を誕生させ、食生活を改善させると共に、経済作物として農民に現金収入をもたらすきっかけを作った磯永吉（図7）です。

　八田は石川県河北郡花園村今町（現・金沢市今町）出身で、東京帝国大学工学部土木科に進み、広井勇教授に師事しました。卒業後、24歳で明治43年（1910）、台湾総督府土木部技手となりました。翌年、土木部は土木局となっています。大正3年（1914）6月には技師に昇進しています。

　台湾総督府は嘉南平野の水利が未開発で、農地として不向きなことを憂慮し、上流に貯水のためのダムを建設し、農地のための水源とすべく、第6代安東貞美総督時代の大正6年（1917）に調査を開始しました。しかしながらダム建設には多額の資金が必要で、台湾総督府の予算だけでは足りず、日本政府の補助金交付の予算の目途がつき、計画にゴーサインが出たのは明石元二郎総督になってからのことになります。

　そして実際に工事がはじまるのは大正9年（1920）9月1日で、総督は第8代田健治郎に変わっています。八田はダム建設のために設立された公共埤圳官田渓組合の技師兼工事事務所所長となり、一度、台湾総督府を退職しています。そのため大正10年度から昭和4年度の台湾総督府職員録には、八田の名前は掲載されていません。烏山頭ダムの建設は想像以上の難工事となり、完成は工事着工から10年後の昭和5年

嘉南大圳の給水路と稲作
水利施設の整備により、米の生産量は大幅に増加した。

（1930）4月10日となりました。台湾総督は第十三代の石塚英蔵になっていました。5月10日には竣工式が挙行されています。八田は6月に台湾総督府内務局土木課技師として復職しました。

烏山頭ダムからの水は総延長1万6千キロの給排水路を通して嘉南平野に送られ、水田の耕地面積が飛躍的に拡大し、米の生産量は大幅に増加しました。このダムを含めた大規模な水利施設を嘉南大圳と呼びます。

ダムの完成後、八田の銅像を建立する話が持ち上がると、八田は「正装で高い台の上に立つ銅像ではなく、作業服、地下足袋、ゲートル姿で貯水池を見下ろせる場所に」という注文を付けたと言います。その結果、立像ではなく座像となり、昭和6年（1931）に完成しましたが、昭和19年（1944）に金属供出で運びだされました。しかし、誰かが隠匿したらしく、戦後、隠されていた銅像が発見され、昭和56年（1981）に元の位置に戻されました。平成29年（2017）には親中活動家の元台北市議により、頭部を切断される事件もありましたが、すぐに修復されました。毎年、命日の5月8日には烏山頭ダム（烏山頭水庫）の八田像の前で墓前祭が営まれています。

■磯永吉の蓬莱米《ほうらいまい》

台湾総督府は「水」の確保と並行して「米」の品種改良に取り組みました。台湾で栽培されていた稲は、長粒のインディカ種由来のもので粘りが無く、日本人の好む味ではありません。そのため、内地向けの輸出は期待できませんでし

図7　磯永吉

た。また作付面積収穫量も低いものでした。そこで明治34年（1901）、農事試験場を設立し、品種改良に取り組みました。

品種改良の道は、台湾在来種の改良と内地米の栽培の二つの道がありました。祝辰巳民政長官や農事試験場技師の藤根吉春は内地米導入派でしたが、内地米は台湾の風土では上手く育たず、次第に殖産局農務課技師の長崎常らの在来種改良派の意見が採用されるようになりました。

明治44年（1911）、東北帝国大学農学科を卒業した磯永吉が農事試験場種芸部の技手として渡台します。大正4年（1915）、磯は志願して台中農事試験場の技師となります。そこで在来種の系統を分離し、優良な系統を抽出する作業を行いました。磯の下で在来種の品種改良に取り組んだのが末永仁《めぐむ》です。磯は大正8年（1919）、欧米留学を命じられ帰国後、大正10年（1921）、中央研究所農業部技師、種芸科長となりました。中央研究所は同年8月に農事試験場、糖業試験所、林業試験所、茶樹栽培試験所、園芸試験所、種畜場を統合して誕生しました。

このころ、品種改良がひと段落していた在来種米の価格が暴落するという事件があり、大正11年（1922）ごろから台湾各地で内地米を栽培しようとする農家が増えました。台湾総督府も無視できず、大正12年（1923）、内地米の原種田事務所を台北郊外の竹子湖《ちくしこ》に設置、磯の指揮のもと、大々的に内地米の栽培実験がはじまりました。

結果として九州の「中村」という品種の成績が好調で、台湾での内地米の栽培に目途が立ちます。おりしも大正15年（1926）4月、台北鉄道ホテルで第19回大日本米穀大会が開催され、その席上で第10代台湾総督伊沢多喜男が台湾産の内地米を「蓬莱米」と名付けました。一方、台中州州立農事試験場産業技師となっていた末永は、数々の交配実験の末、昭和4年（1929）、西日

台北・台湾総督府中央研究所
中央研究所は大正10年に創設された。

原住民の水田耕作
台湾北部・角板山の平地原住民による水田耕作。

本で広く栽培されていた「神力《しんりき》」を父に島根の「亀治《かめじ》」を母とする「台中六十五号」を完成させます。「台中六十五号」は収量が多く、品質が良く、イモチ病に強いことから一気に普及し、昭和10年（1935）には蓬莱米中の76％を、昭和14年（1939）には83％を占めるようになりました。

蓬莱米の父と呼ばれるようになった磯は昭和5年（1930）に台北帝国大学教授となり、戦後は留用者として台湾省農林技術顧問となり、日本に帰国したのは昭和32年（1957）のことでした。

嘉南大圳などの水利開発で耕地面積が増加し、温暖な気候により二期作が可能で、品質の向上した台湾産の米は島内だけでなく内地の市場にも進出します。台湾米は慢性的な米不足に悩む内地にとって貴重な存在となりました。

図8は、昭和18年（1943）に台湾総督府食糧局東京食糧事務所から本局に宛てて差し出された封書です。

食糧局の前身は昭和14年（1939）7月に殖産局から独立した米穀局で、米穀の移出管理を担当していました。昭和17年（1942）11月、食糧局と改称、昭和18年12月には農商局食糧部となっ

◀裏面の差出名

図8　台湾総督府食糧局宛の封書
昭和18年6月19日、本郷湯島局引受の航空便（航空料金50銭＋書状料金5銭）。

創建時の第二鳥居と阿里山神社の御神木

下・大正９年（1920）創建の明治神宮・第二鳥居には、阿里山西腹伐採のヒノキが使われた。「明治神宮写真帖」（1921年刊）より。左・阿里山神社のヒノキの御神木。

ています。

■森林開発と明治神宮大鳥居

令和2年（２０２０）11月1日、明治神宮は鎮座百年祭を神宮内苑で執り行いました。実は明治神宮の大鳥居には台湾のヒノキが使われています。大正9年（１９２０）に創建された時、8つの鳥居にはすべて台湾のヒノキが使用されました。中でも最大の第二鳥居（長さ17メートル、直径2メートル）は、阿里山の西腹で伐採されたものでしたが、昭和41年（１９６６）に落雷で破損、昭和50年（１９７５）に台湾丹大山《ダンダーシャン》のヒノキで建て替えられました。長さは同じですが直径は1・2メートルとなっています。

建て替えの時は台湾でヒノキの伐採は制限されていましたが、明治神宮の鳥居の再建であればと、現地の特別の計らいで輸出が許可されたそうです。台湾の日本統治時代、森林開発を担当したのが殖産局林務課（時代によって山林課など名称が変わります）です。阿里山、八仙山、太平山の三大林場には、森林鉄道が敷設され、木材が運び出されました。阿里山森林鉄道は今では台湾を代表する観光スポットになっています。

図9は明治44年、林務課技手の古川

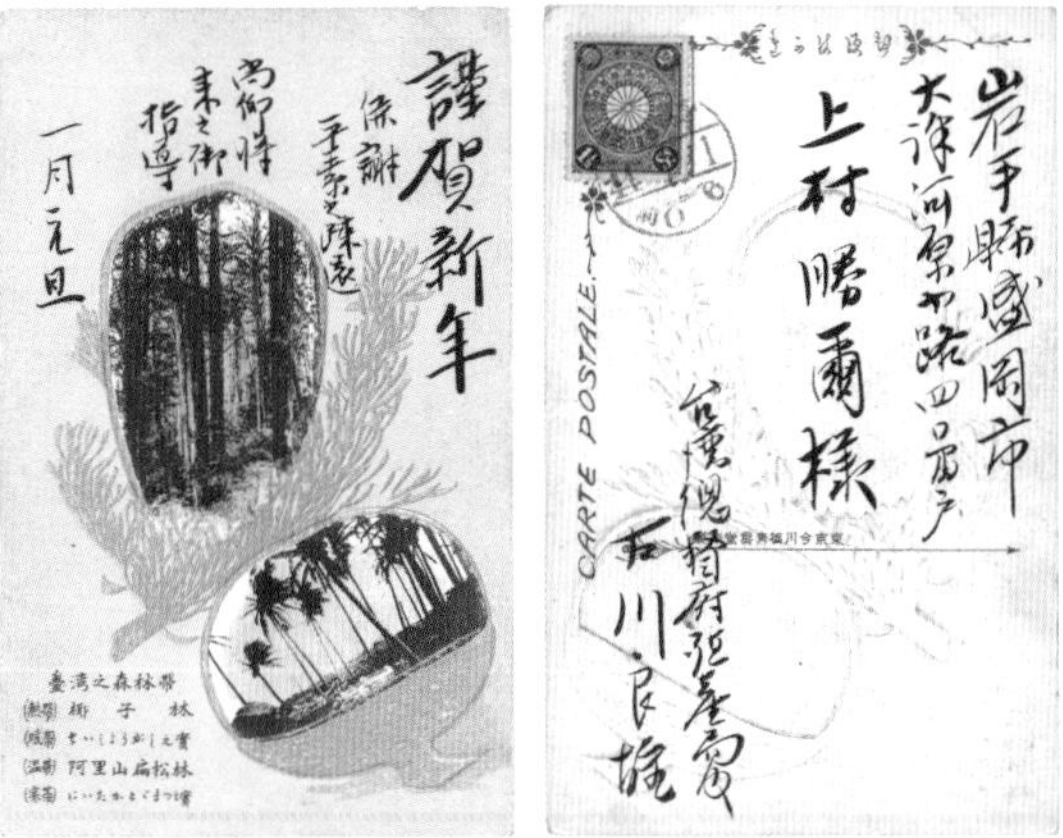

図9　林務課技手・古川良雄の年賀状

東京今川橋青雲堂の臺灣之森林帯という絵葉書で、写真は阿里山扁松（タイワンヒノキ）と椰子林。

良雄から差し出された年賀状です。古川は職員録には、明治42年度（1905）の林務課嘱託から大正13年度（1924）の新竹州技師（兼台南州技師）として名前が掲載されています。

■茶業の振興に貢献した藤江勝太郎

台湾の特産品のひとつに「茶」があります。ほとんどのツアーには台湾茶（烏龍茶）の販売店への立ち寄りが組み込まれています。また個人旅行者の多くもお土産として購入しています。台湾での茶の生産は古く、清国統治時代にも海外へ輸出されていました。台湾総督府は茶業の振興のため、明治28年（1895）11月に殖産部農商課（翌年民政局殖産課に改組）技手として藤江勝太郎（図10）を招聘しました。

図10　藤江勝太郎

藤江については、アジア歴史資料センターの植民地官僚経歴図というページに、略歴が紹介されていました。要約すると静岡県周智郡の出身で、父親は静岡県屈指の茶業者。明治19年（1886）に台湾に自費渡航し、烏龍茶の製造法を取得。明治36年（1903）、桃園庁安平鎮《あんへいちん》に設置された台湾総督府製茶試験場を監督する主任に就任。明治39年（1906）から翌年にかけて台湾茶の販路調査のため、清国、トルコ、ロシアに出張。退官後の明治43年（1910）3月に、日本台湾茶株式会社取締役兼技師長に就任しています。

全国切手展〈JAPEX 2020〉に後援をいただいた公益財団法人日本台湾交流協会が発行している定期刊行物『交流』には、「台湾茶の歴史を訪ねる」という須賀努氏の記事が連載されています。須賀氏は藤江を〝この時代に日本の緑茶、台湾の烏龍茶、紅茶の製造をすべて理解している人材は、彼をおいていなかっただろう〟と指摘しています。

藤江が監督した製茶試験場では、緑

広東人の茶摘み

台湾北部、新竹の茶畑で茶摘みをする広東人の女性労働者。日よけの笠を着け、さらに黒い布で覆っている。

「日本地理風俗体系 台湾編」より

図 11
藤江勝太郎宛の封書

明 治39年12月21日、新竹局の引受。差出人は新竹庁長の里見義正。

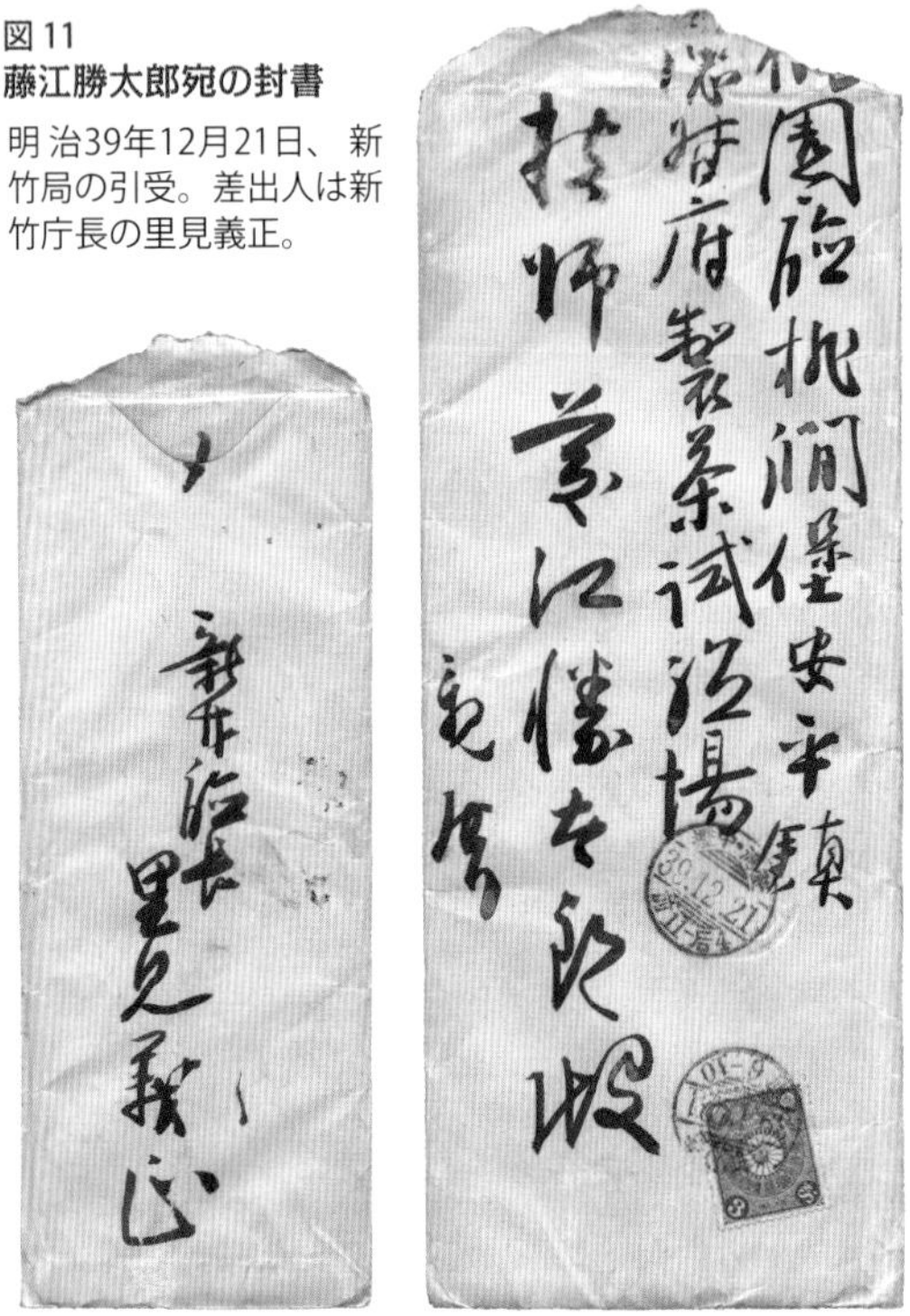

茶と紅茶の試験栽培をしていたようです。海外視察で台湾茶の輸出に目途が立ったことから、日本台湾茶株式会社を設立し、試験場の土地、設備を借り受けて紅茶茶葉の製造に乗り出しましたが、生産額が上らず多額の損害を出し、藤江は責任を取って一年で会社を去り、故郷の森町に戻ります。大正4年（1915）からは名誉町長となり、昭和18年（1943）に亡くなりました。

ただ、桃園周辺の土壌は紅茶生産には適していたようで、三井合名会社が桃園の大渓《だいけい》で大正15年（1926）に操業を開始した角板山《かくばんざん》製茶工場は烏龍茶、包種茶生産から昭和3年（1928）ごろから紅茶生産に切り替え、三井紅茶というブランドで好評を博し、生産量を増やしていきます。昭和8年（1933）には日東紅茶とブランド名を変更、やがて台湾に8つの工場を持つようになりました。

包種茶《パオチョンチャ》という名称は日本人には馴染みがありません。烏龍茶と同じ茶樹から製造されますが、発酵を抑えて花香をつけたもので、日本茶に近い風味があります。1920年代には台湾を代表する茶として、烏龍茶よりも多

台北市の製茶工場での、多数の女性労働者による撰茶作業。

三井合名の角板山製茶工場

包種茶の包装

く輸出されていました。現在でも文山《ウェンシャン》包種茶は、人気の高い台湾茶として愛好家に知られています。

■製茶人たちに関する封書と葉書

図11は新竹庁長の里見義正から、製茶試験場の藤江勝太郎に宛てた封書です。肩書にあるように、藤江は明治38年（1905）に技師に昇進しています。図12は日本台湾茶株式会社の土屋伴次郎から、故郷の森町に帰った藤江に宛てた明治44年（1911）の年賀状です。図13は台北の茶商、三好徳三郎から藤江宛の大正4年（1915）の年賀状です。三好は京都府宇治町出身。父、徳次郎の実兄は宇治の有名茶商の辻利兵衛、妻は利兵衛の娘の志奈という関係にあり、明治32年（1899）5月に台北城内北門街で辻利兵衛商店台北出張所（通称・辻利茶舗）を開店しました。

三好は台湾総督府や台北日本人実業界に大きな影響力のあった人物で、民間総督の異名を持っていました。辻利茶舗は宇治茶の専門店で、台湾での茶葉生産とは直接の関係はありませんが、藤江とは交流があったのでしょう。ただ三好の回想録である「茶苦來山人の逸話」には藤江の記載はありません。住所が府前街四丁目角とあり、辻利茶舗は明治37年（1904）に同所に移転しています。大正11年（1922）には町名改正で栄町二丁目となりました。建物は重《チョン》慶南路一段《チンナンルーイーデュアン》と衡陽路《ヘンヤンルー》の交差点角に現存しており、スターバックスコーヒー重慶店となっています。

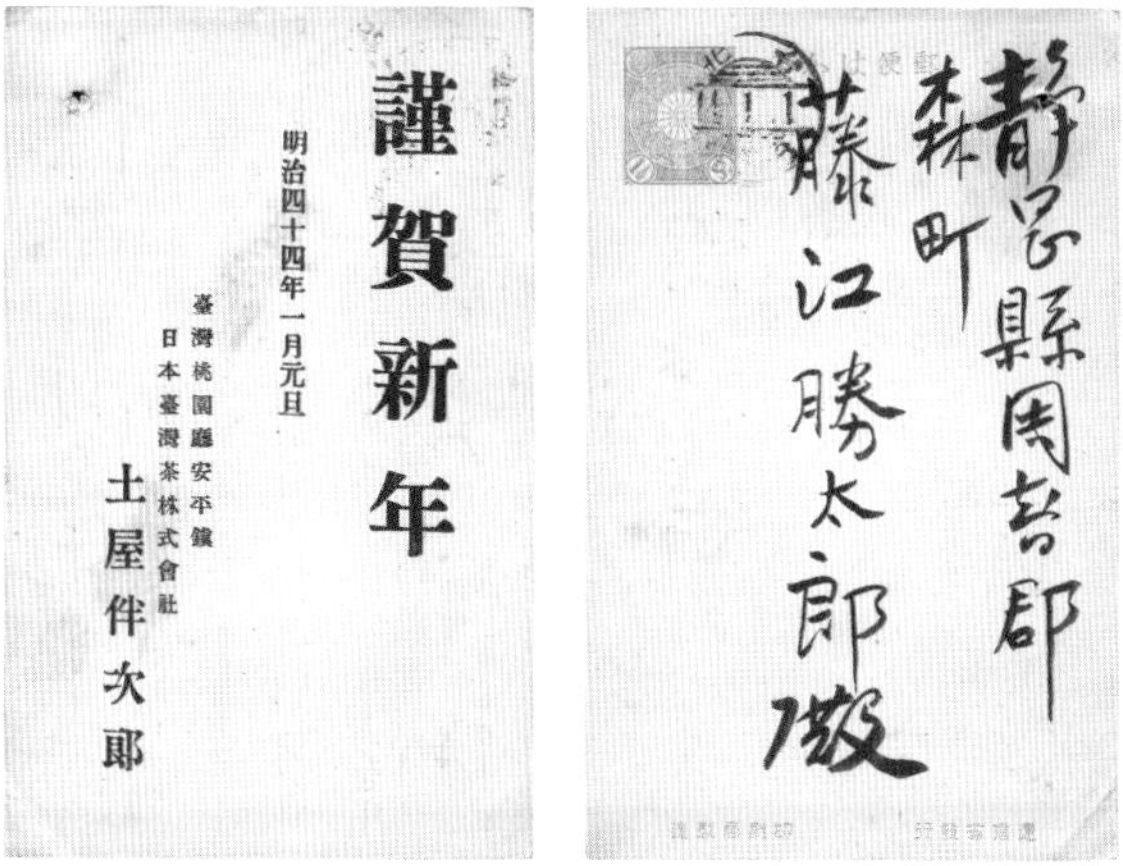
謹賀新年
明治四十四年一月元旦
臺灣桃園廳安平鎮
日本臺灣茶株式會社
土屋伴次郎
郵便はかき
静岡縣周智郡
森町
藤江勝太郎殿
印刷局製造
逓信省發行

図12　藤江勝太郎宛の年賀状

藤江が専務取締役技師長を務めた日本台湾茶株式会社の社員から、退職後の藤江に差し出された年賀状。

謹迎新年
本年も不相變御引立御愛顧の程伏て奉希上候
大正四年一月元旦
臺北市府前街四丁目角
茶商　三好徳三郎
（電話九十四番）
郵便はかき
印刷局製造
逓信省發行

図13　三好徳三郎から藤江勝太郎宛の年賀状

差出人の住所、府前街四丁目は、大正11年に栄町二丁目となる。台湾総督府はすぐ近くにあった。

戦前台湾の諸産業から

バナナの育成と輸出

上・船に積み込まれたバナナは28,000籠。
左・検査所にバナナを運ぶ農民。

樟の伐採と樟脳の精製

伐採した樟（クスノキ）を削ぐ作業。加熱して樟脳と樟油に分け、さらに精製する。

綿花栽培と製綿

台湾南部地方での綿作

臺灣南部地方の棉作實況・臺灣は棉花
に依る南方發展の指導圃であります。

台湾は1930年代にはパイナップルの世界有数の産地となっている。

65 Pineapple (臺灣果物) 鳳 梨
數里の沃野に斯くして培はれる實に見事な光景ではありませんか

パイナップル＆パパイヤの栽培

養豚 本島人の農家での養豚光景

麻の栽培と製麻

台南の製麻工場における織布工程

絵葉書および「日本地理風俗体系 台湾編」より

コラム

嘉義農林学校《かぎのうりん(KANO)》

農業が発展するようになると、農業技術の普及と人材育成が急務となり、農業を教える学校が必要になりました。そこで嘉義、屏東、宜蘭、台中、桃園、台東などに農業学校が設立されました。

大正８年(1919)、最初の農業学校として開校したのが、台湾公立嘉義農林学校です。２年後には行政区画変更に伴い、台南州立嘉義農林学校(現・国立嘉義大学)となりました。入学条件は修業年限六年の公学校を卒業、または同等以上の学力をもつものとされ、日本人、本島人、原住民の区別なく入学が可能でした。

嘉義農林と言えば、近藤兵太郎監督の指導のもとで昭和６年(1931)の第17回全国中等学校優勝野球大会で初出場ながら決勝まで進み、中京商業に敗れたものの準優勝したことで知られています。レギュラーメンバー９人は日本人３人、本島人２人、原住民４人という構成で、それぞれの資質に合わせた打順を組み、守備位置も決められました。当時の甲子園大会では、台湾だけでなく日本領土だった朝鮮や関東州の学校も出場していましたが、日本人だけで編成されたチームがほとんどで、嘉義農林の存在は新鮮な魅力があり、その快進撃は台湾だけでなく日本中に感動をもたらしました。

このエピソードは台湾で2004年に「KANO」として映画化され、大ヒットしました。日本でも翌年に「KANO 1931 海の向こうの甲子園」というタイトルで公開されています。近藤兵太郎役は永瀬正敏が演じました。またこの映画では、同時代の日本人として八田與一も登場していて、大沢たかおが演じています。

筆者もこの映画の公開後、嘉義を訪れたことがあります。「檜意森活村《グエイイーセンフオツン》」というテーマパーク内には、映画の中で近藤監督の家として使われたセット(KANO故事館)があり、映画のキャラクター商品などが販売されていました。

KANO故事館の前にて

故事館に並ぶ
映画「KANO」キャラクター商品

第八章

三大国策会社

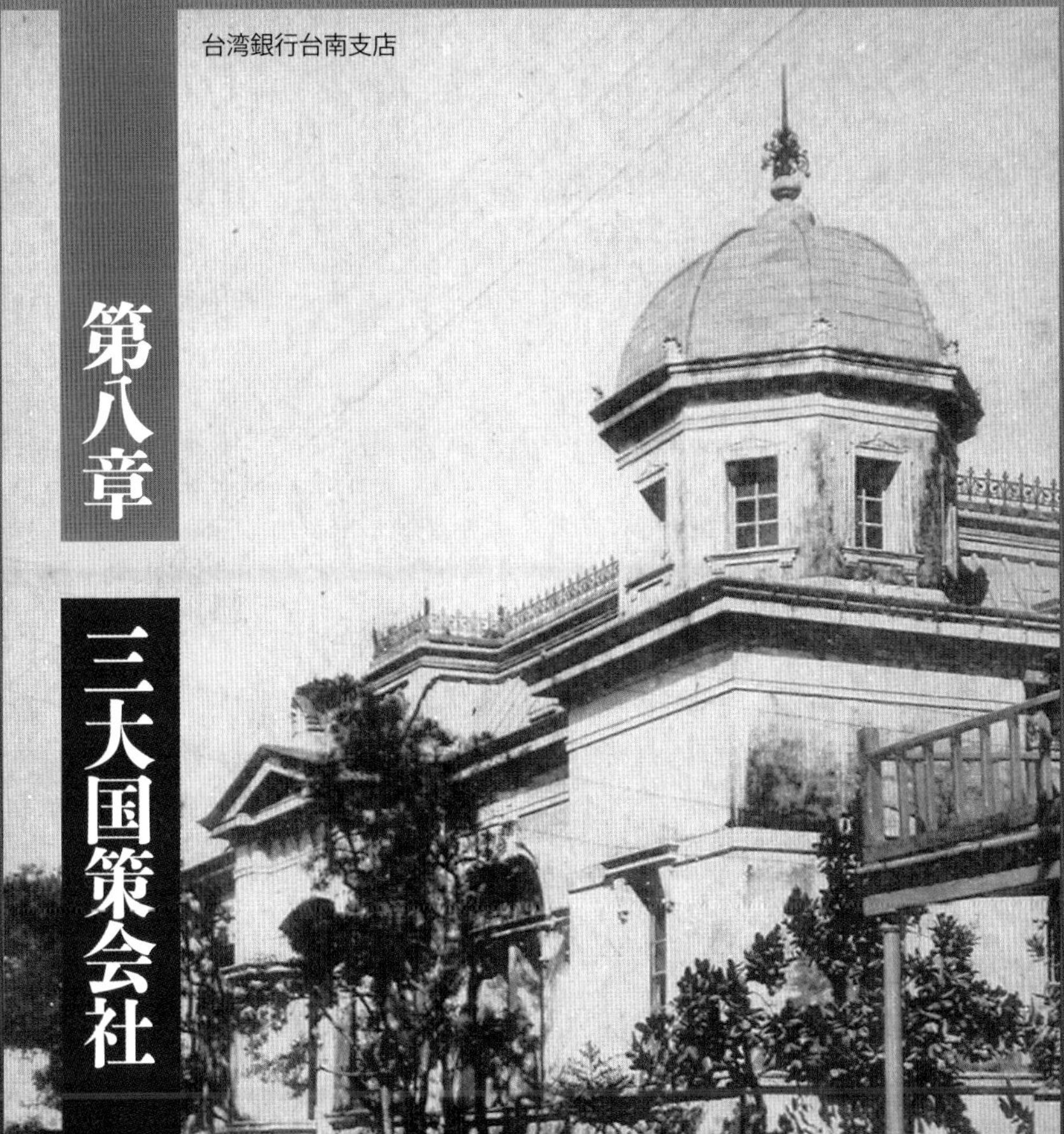

台湾銀行台南支店

台湾の日本統治時代には、三大国策会社といわれる会社がありました。いずれも日本政府、または台湾総督府が資本の一部を出資する半官半民の会社で、株式会社台湾銀行、台湾電力株式会社、台湾拓殖株式会社です。「三社」と言えば、この三社を指しました。これらの国策会社は台湾総督府と共に台湾の統治に深く関与していました。

銀行・電力・拓殖という国策

図1　台湾銀行・銀券（明治34年発行）
最初に発行された台湾銀行の10円銀券。意匠はエドワルド・キヨッソーネによる、日本初の西洋式印刷術で製造されたゲルマン札（明治通宝）を下敷きにしている。

■株式会社台湾銀行

台湾の統治開始に伴い、松方正義大蔵大臣は紙幣発行権を持つ特殊銀行の設置を建白、明治30年（1897）4月1日、台湾銀行法が公布されました。この法律に基づき、明治32年（1899）9月26日、台湾銀行本店が台北撫台街《ぶたいがい》の仮店舗において営業を開始します。初代頭取は元大蔵次官の添田壽一で、約2年務めたのち、日本興業銀行の設立にあたり、初代総裁となっています。

台湾銀行法の制定理由は「臺湾ノ金融機關トシテ商工業竝《ならびに》公共事業ニ資金ヲ融通シ臺湾ノ富源ヲ開發シ經濟上ノ發達ヲ計リ、尚進ミテ營業ノ範囲ヲ南清地方及南洋諸島ニ擴張シ是等《これら》諸國ノ

図2　台湾銀行・甲券（昭和12年発行）

昭和７年から新意匠となった甲券シリーズの100円券。とくに100円券には台湾総督府からの要請で、菊の紋章が入れられた。左の図案は台湾神社。

台湾銀行・台北本店

紙幣発行権を持つ特殊銀行であり、台湾最大の商業銀行でもあった。

明治41年・台北市文武街。「台湾写真帖」より

商業貿易ノ機關トナリ以テ金融ヲ調和スルヲ以テ目的トス」ということでした。資本金500万円のうち、日本政府が100万円を出資しています。台湾銀行は紙幣の発行権を持つ特殊銀行であると同時に、台湾最大の商業銀行でもありました。日本統治時代、島内には台湾商工銀行、彰化銀行、台湾貯蓄銀行、華南銀行などがあり、三和銀行、日本勧業銀行の支店がありましたが、台湾における台湾銀行のシェアは圧倒的に高かったそうです。

台湾総督府の進める殖産興業政策は、台湾銀行による融資の裏付けがなければ進められませんでした。水利開発、電源開発など公共事業のための公債募集に、中心的な役割を果たしたのも台湾銀行でした。また台湾銀行法設立理由にもあるように、東南アジアや中国に進出した日本企業を支援する金融機関としての側面もありました。

図1・2は台湾銀行が発行した紙幣（台湾銀行券）です。日本の統治以前には、清国と同様に国定の通貨がなく、清国の馬蹄銀、洋銀やメキシコ銀、スペイン銀、日本の円銀、さらに民間製造の私銭など、百種類以上の通貨が使われていたといいます。図3は台湾銀行創業まもない明治32年（1899）10月17日に、台湾銀行から熊本県に差し出された書留です。

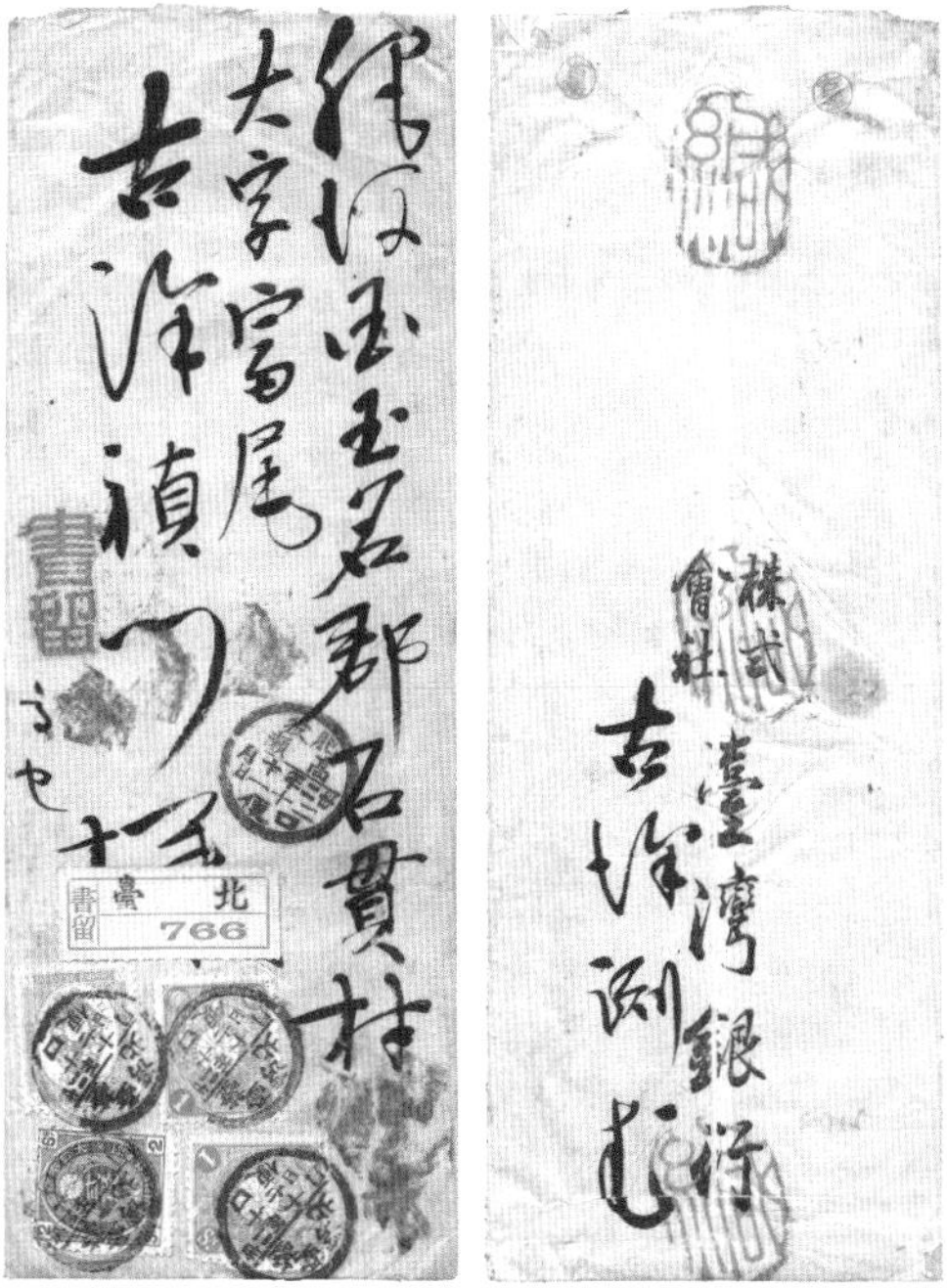

図3　台湾銀行差出の書留

台北銀行の行員から差し出された書留便。郵便料金は書状料金3銭、書留料金6銭。

台湾銀行本店は明治37年（1904）2月1日、台湾総督府近くの文武街《ぶんぶがい》に移転します。図4は文武街移転後の明治43年（1910）6月9日に、台湾銀行から静岡県浜名郡和田村（現・浜松市東区）に差し出された書留です。名宛人の鈴木半十郎は和田銀行初代頭取です。

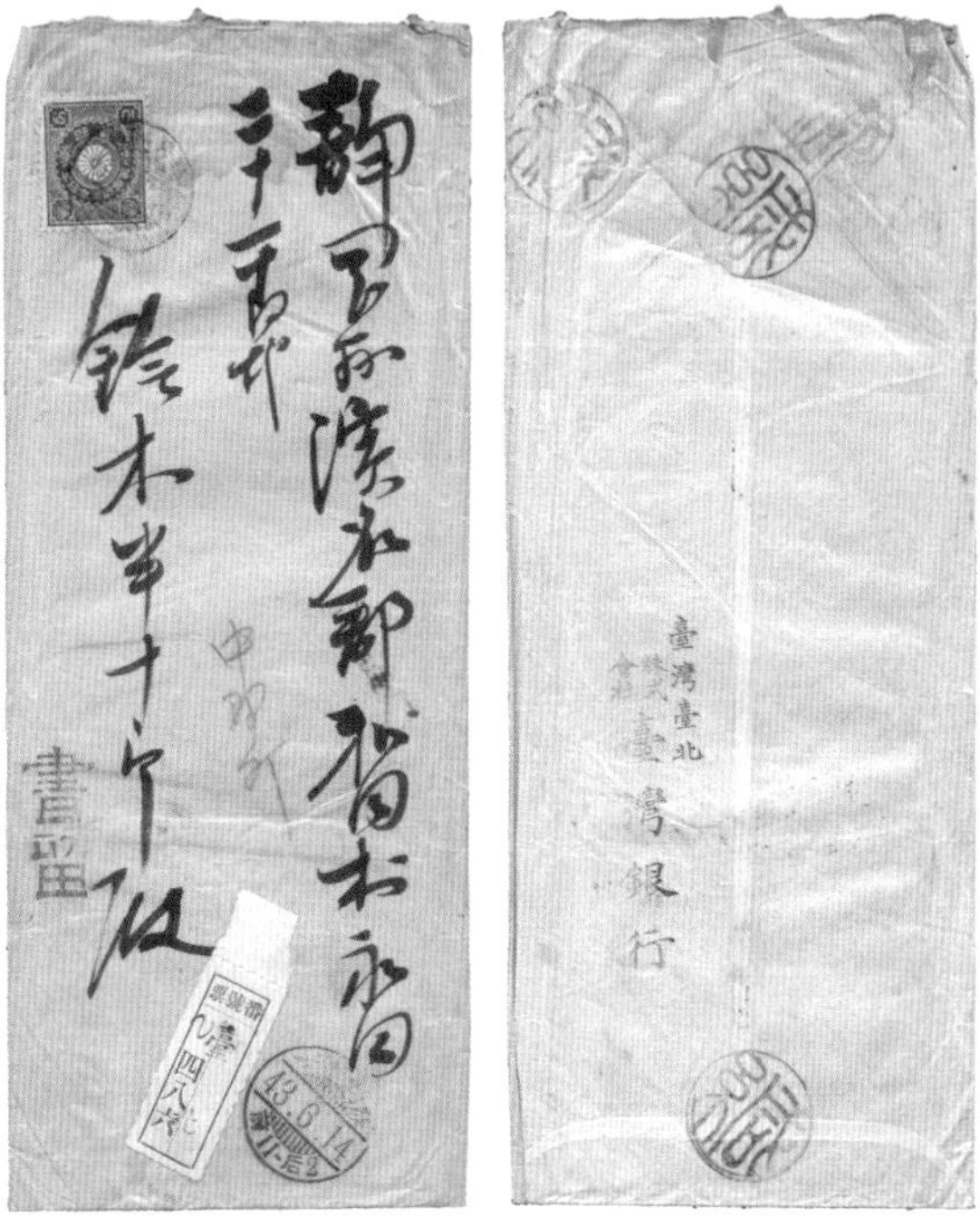

図4　台湾銀行差出の書留
明治33年10月1日から書留料金が7銭に改訂、書状料金3銭で合計10銭。

昭和13年（1938）には近くの栄町二丁目（現・重慶南路一段）に移転しています。設計は西村好時、建築を担当したのは大倉組（現・大成建設）でした。現在でも台湾銀行総行（本店）として使われています。エンタシスの円柱と大きな吹き抜けが特徴で、ホールはTBSドラマ「華麗なる一族」（2007年）のロケで劇中の阪神銀行本店として使用されました。現在の台湾銀行は中華民国政府の国営商業銀行で、かつては紙幣も発行していましたが、その業務は民国89年（2000）から中華民国中央銀行が担っています。

■台湾電力株式会社

台湾での電気事業は明治36年（1903）、土倉龍次郎により台北電気株式会社が設立されたのが初めです。しかし資金面で行き

台湾銀行高雄支店

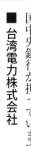

台湾中部の山中にある湖、日月潭の遠望。

詰まり、同年11月、台湾総督府は同社を台北電気作業所として官営化し、明治38年（1905）7月、台北の近郊、新《しん》店渓《てんけい》の上流に台湾初の水力発電所である亀山発電所を完成させ、9月には台北の市街地に電燈が灯りました。

台北電気作業所は明治40年（1907）年5月20日、台湾総督府電気作業所に、明治41年（1908）7月30日には臨時台湾工事部、明治42年（1909）10月には土木部と目まぐるしく名称が変りましたが、明治44年（1911）10月、電力事業を土木部から切り離して台湾総督府作業所が誕生します。

しかし、電力需要は急拡大し、台湾総督府電気事業部門が島内各地に建設した発電所では供給が間に合わず、明治末から大正期にかけて数多くの民間の火力発電による電力会社が設立されました。また大規模な製糖会社などは自前の火力発電所を持っていました。台湾で高まる電力需要の解決策として計画されたのが台湾中部にある湖、日月潭《じつげつたん》に濁水渓《だくすいけい》からの水を地下隧道で引き込み、水位を20メートル上げて、その落差で水力発電所を建設するというものでした。

多額の資金が必要になるという予測のもと、大蔵省から半官半民の新会社設立を提案され、明石元二郎総督時代の大正8年（1919）4月1日、台湾電力株式会社令が発布されます。5月に東京の帝国ホテルで開かれた準備会で、明石総督は「会社の目的は日月潭の水力を利用して発電し、台湾全島の電力供給の大部分を占めるようにする。南支南洋を販路とする工業動力を廉価に提供する」（要旨）と挨拶しています。

台湾電力株式会社の設立は同年8月1日、社長には台湾総督府中央研究所所長だった高木友枝が就任しました。会社はただちに日月潭の工事に入りましたが、おりしも第一次世界大戦後のインフレで予算を使い果たし、大正11年（1922）8月に工事を中断、翌年6月に工事を再開しましたが、9月の関

東大震災の発生で大蔵省からの融資が停止され、工事休止を余儀なくされました。

　大正15年（1926）、上山満之進総督は、日月潭工事の打切りとコストの安い火力発電所の建設を発表しました。上山総督にかわり、昭和3年（1928）に総督に就任した政友会系の川村竹治は、日月潭工事再開を模索し、日本政府保証付きの台電外債発行案を帝国議会に提出します。反政友会系の同和会に所属していた上山前総督は、貴族院で反対意見を述べています。昭和4年（1929）3月、貴族院は同案を条件付きで可決、7月には高木にかわり、遠藤達が台電社長に就任します。遠藤の長男の妻は川村総督の娘という関係がありました。

　これで工事は再開されると思われましたが、同月、政友会の田中義一内閣が満洲某重大事件（張作霖爆破事件）の影響で倒れ、民政党の濱口雄幸内閣が誕生、川村総督は更迭され、同和会の石塚英蔵が総督に就任し、日月潭工事は見合わせとなりました。遠藤も台湾電力社長を退任し、12月に松木幹一郎が新社長に就任します。松木は後藤新平を総裁とあおぐ帝都復興院の副総裁を務めていた人物です。石塚総督は松木社長の就任後、改めて日月潭工事再開に向けての運動を開始します。昭和5年7月、アメリカで2280万ドル（4573万円）の外債が成立、10月21日、工事見合

日月潭ダム　絵葉書の説明には、高さ160尺（約48・5m）、幅300尺（約90m）、長さ285・5尺（約86・5m）とある。

上流から俯瞰した日月潭水力発電所。右側が取水口で、左側がダムと記されている。

わせは解除されました。図5は、この時期に台湾電力に転職した社員から差し出された葉書です。

　昭和6年8月、日月潭工事の入札方針が発表されました。7つの工区に分けて請負業者を決めるというものでした。結果として第一工区と第三工区は鹿島組、第二工区は大林組、第四工区は今道組、第五工区は高石組、第六工区は鉄道工業、第七工区は大倉土木が落札します。次ページ図6は今道組の作業員が送った葉書です。第四工区は木屐蘭《もくげきらん》地区の隧道工事です。文面には隧道工事を担当していること、金高39万7千円などと書かれています。今道組の請負金額が39万4700円でしたので、その金額のことでしょう。

　日月潭第一発電所は昭和9(1934)年6月に竣工、7月には送電を開始します(9月送電開始という文献もありましたが、台湾電力発行の「臺灣電力の展望」の記事を採用しました)。工事着手から15年後の年月が流れていました。総督は第16代中川健蔵になっていました。台湾電力社長の松木幹一郎は昭和14年6月14日に逝去、翌年、日月潭のダム用取水口近くに松木の胸像が建てられました。しかし、昭和19年(1944)の金属供出で台座だけが残されていました

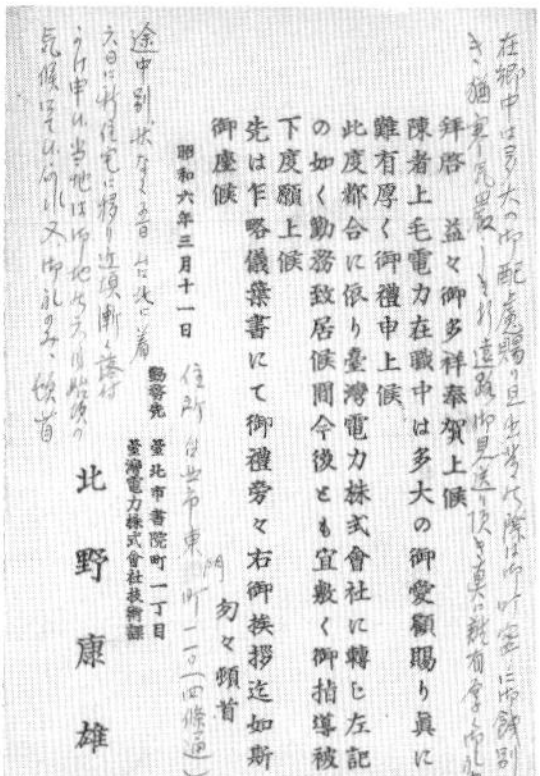
拝啓 益々御多祥奉賀上候
陳者上毛電力在職中は多大の御愛顧賜り真に難有厚く御禮申上候
此度都合に依り臺灣電力株式會社に轉じ左記の如く勤務致居候間今後とも宜敷く御指導被下度願上候
先は乍略儀葉書にて御禮旁々右御挨拶迄如斯御座候
昭和六年三月十一日
勤務先 臺北市書院町一丁目 臺灣電力株式會社技術部
北野康雄

図5　台湾電力エンジニア差出の葉書
昭和6年3月13日、台北局の引受。上毛電力から台湾電力に転職した挨拶状。

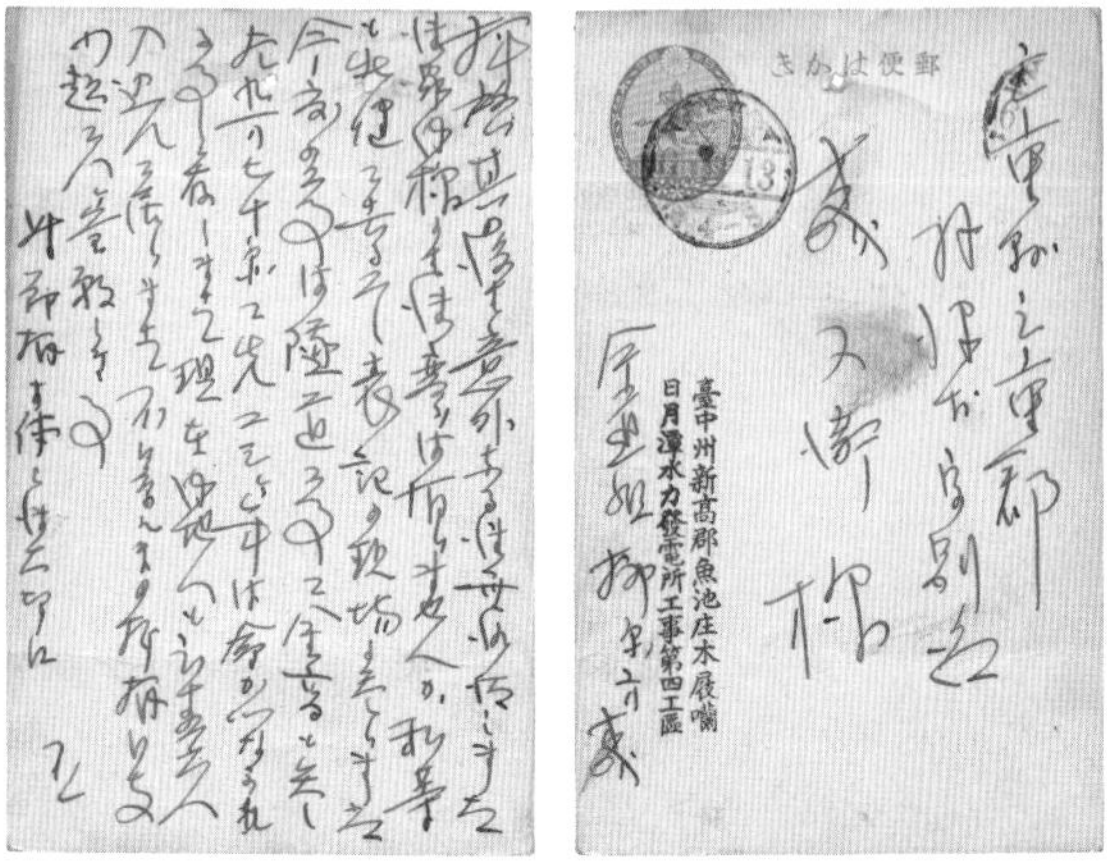

図６　日月潭工事の作業員差出の葉書
昭和６年11月13日、魚池局の引受。

が、２０１０年、奇美実業の許文龍《シューウェンロン》氏によって復元されました。日月潭は現在、台湾の人気観光スポットになっています。観光にいらした際は、発電所工事のことも思い起していただければと願います。

　日月潭第一発電所の最大出力は10万キロワット、平均出力は５万８８００キロワットで、既存の発電所と合わせ14万５５００キロワットとなり、台湾全島発電力の96％を台湾電力がまかなうようになりました。さらに昭和12年（１９３７）に日月潭第二発電所、昭和14年（１９３９）に北部火力発電所が完成し、台湾電力の供給電力は32万キロワットを超えるようになり、多量の電気を消費するアルミニウム工業などに使用、台湾の工業発展に寄与しました。現在、日月潭第一発電所は台湾電力公司大観《ダーグァン》發電廠となっており、台湾の電力の約半分を担っています。

■台湾拓殖株式会社

　台湾拓殖株式会社は「三社」の中で一番遅く、昭和11年（１９３６）11月25日に設立されました。実は明石総督時代の大正8年（１９１９）、拓殖会社設立の提案が台湾銀行理事の池田常吉からありましたが、明石総督の急死で実現しませんでした。

　昭和12年（１９３７）に中川健蔵総督は熱帯産業調査会を作り、自ら会長に就任、副会長は平塚広義総務長官が就任しました。調査会はその中で有力なる拓殖機関設置案を答申、台湾拓殖株式会社の設立を建議しました。これを受けて、台湾拓殖株式会社法が昭和11年（１９３６）6月2日に公布されています。その業務内容は、台湾拓殖株式会社法施行令第五条によって次のように定められました。

一　拓殖ノ為必要ナル農業、林業、水産業及水利事業
二　拓殖ノ為必要ナル土地ノ取得、経営及処分
三　委託ニヨル土地ノ経営及管理
四　拓殖ノ為必要ナル移民事業
五　農業者、漁業者若《もし》クハ移民ニ対シ拓殖上必要ナル物品ノ供給又ハ其生産品ノ買収加工若クハ販売
六　拓殖ノ為必要ナル資金ノ供給
七　前各号ノ事業ニ附帯スル事業
八　前各号ノ外《ほか》拓殖ノ為必要ナル事業

　台湾拓殖は台湾総督府の指導援助を受けながら、台湾島内での生産拡充、

工業化の推進を図る一方、仏領インドシナ、海南島、マライ、ジャワ、フィリピンなどに子会社、関係会社を作り、鉱業、農業、林業など多くの事業を展開しています。

台湾島内では西部海岸での干拓事業、林野山地の開墾事業、造林、有用植物の栽培事業、内地人の台湾移民、本島人の東部移民事業、甘蔗を材料とする化学原料の製造事業、バナナ繊維事業、新規事業会社への投資などを行っていました。特に、近代化に遅れていた台湾東部地区に関しては開拓の主導的な役割を果たしました。

社長は三菱商事出身の加藤恭平です。加藤は昭和14年（1939）には一時、急死した松木幹一郎の代わりに台湾電力の社長も務めています。

上・台南の甘蔗畑。甘蔗は製糖だけでなく、工業用エタノールの原料にするなど、多様な利用法がある。
下・高雄港。高雄港には高雄造船、台湾海運など、台湾拓殖株式会社の出資会社が多くあった。

69 View of Takao Harbour, Formosa. (臺灣高雄) 殷盛を極むる高雄港臺灣南方の咽喉、帝國圖南の策源地、繁盛なる港内の生氣溢るゝ所が見えるでせう

台湾日日新報。「台湾写真帖」(明治41年刊)より)

乃至《ないし》20日から」という見出しの記事もありましたが、総じて記事が小さいことに驚きました。６月は内台電話開通の記事が大きく扱われています。台湾在住者の関心は日本との電話開通が上だったのでしょう。また新聞は当時の状況を知ることが出来る一次史料です。ただ、メディアの取材を受けた人なら体験的に知っていると思いますが、記事に書かれていることは必ずしも正確であるとは限りません。その点は注意が必要です。

台湾日日新報は明治31年(1898) ５月１日に創刊されました。初代総督樺山資紀の息がかかっていた台湾新報(薩摩閥)と、二代総督桂太郎が後ろ盾となり、創刊された台湾日報(長州閥)が激しく争う状況を見かねた後藤新平民政長官が働きかけて、合併させたと言われています。初代主筆は木下新三郎です。

図７は明治33年(1900)に京都に宛てて送られた台湾日日新報です。この新聞には日本語版の他に、明治34年(1901)から昭和12年(1937)までは漢文版もありました。漢文版の創刊にあたり、後藤新平が報知新聞から引き抜いたのが尾崎秀真《ほつま》です。明治37年(1904)には漢文版主筆になっています。

図８は尾崎秀真が明治45年に送った書留です。裏面には篆刻で「臺北古邨荘／尾崎秀真」とあります。尾崎は篆刻研究家でもあり、古邨と号していました。なお秀真の息子にゾルゲ事件の尾崎秀実《ほつみ》、作家の秀樹《ほつき》がいます。

図８　台湾日日新報・漢文版主筆
尾崎秀真の書留

台湾総督府構内局の引受。台湾日日新報社は総督府にほど近い西門前にありました。

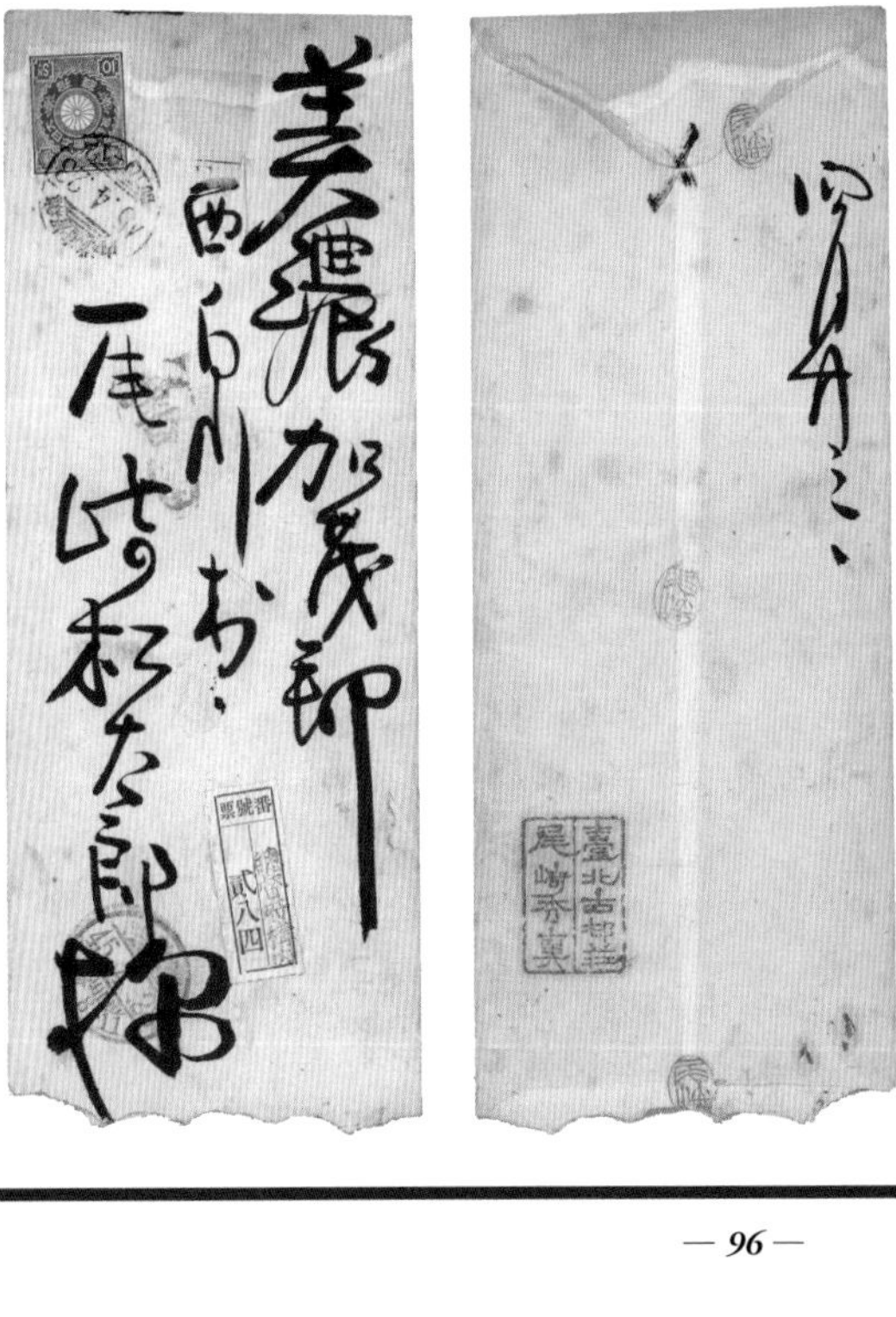

コラム

台湾日日新報

本書の執筆に当り、たくさんの文献を参考にしています。軍事関係のものは家の蔵書で間に合いましたが、それ以外は横浜市立中央図書館と公益財団法人日本台湾交流協会東京事務所の図書室にお世話になりました。日本台湾交流協会図書室には、日本統治時代の最大の日刊新聞である台湾日日新報のマイクロフィルムが所蔵されています。

台湾日日新報で、日月潭第一発電所の竣工完了の記事を調べましたが、明確に竣工完了と書かれている記事は見つかりませんでした。昭和9年6月19日付けの記事に「十八日午前八時三十三分日月潭工事の通水は完了した」とあり、次に7月2日付けで「いよいよ完成せる日月潭発電所　送電線と共に一日より逓信部の検査始まる」という見出しの記事がありました。7月4日に「導水路検査」、12日に「検査完了、正式送電開始は18日

図7　京都宛ての台湾日日新報
定期刊行物や新聞などは、第三種郵便物として低料金で送ることができた。新聞の基本料金は明治22年10月1日から昭和17年3月30日まで5厘(½銭)。

日月潭《じつげつたん》──工事前と工事後

上・電力工事前の日月潭。当初の規模は小さく、水深も最大５メートルに過ぎなかった。水辺には植物が生い茂り、人々は水上生活と漁で日々を営んでいた。
「日本地理風俗体系 台湾編」(昭和６年刊)より
下・電力工事後の日月潭。濁水渓の水を引き込み、台湾最大の湖となった。

(臺灣八景ノ一) 日 月 潭
44 A view of Jitsugetsutan (one of the eight. fomous sights), Formosa
電力工事で有名な日月潭、自動車道路の完成と共に遊客益々多く、
北岸の水社蕃特有の杵音樂の哀調は誰でもホロリとさせられる

第九章 軍隊の配備

台北の台湾守備歩兵第一大隊の営舎

近衛師団等を動員した台湾接収後（第1章参照）、陸軍では明治29年（1896）3月、台湾の守備のために常備軍が配備され、台湾総督の隷下に置かれました。
大正8年（1919）8月には台湾軍が創設され、台湾軍は台湾総督の隷下を離れることになりました。
太平洋戦争が激化した昭和19年（1944）年9月には、作戦軍として第十方面軍が編成され、多くの部隊が配属されました。
また海軍部隊も馬公《まこう》（澎湖島）、高雄などの軍港に配備されたほか、新竹、東港《とうこう》などに航空基地が設営されました。

台湾守備から戦争への動員まで

■台湾守備歩兵六箇聯隊時代
（明治29年3月9日〜明治31年9月30日）

明治29年（1896）3月9日、陸軍平時編制が改正され、台湾守備混成旅団三箇が加えられました。台湾守備混成第一旅団（旅団長・仲木之植少将／台北）、台湾守備混成第二旅団（旅団長・田村寛一少将／台中）、台湾守備混成第三旅団（旅団長・比志島義輝少将／台南）で、各旅団の編制は司令部、歩兵二箇聯隊、騎兵一箇中隊、野戦砲兵（山砲）一箇中隊、工兵一箇中隊となっていました。すなわち台湾守備歩兵聯隊は第一から第六までの六箇聯隊があったわけです。このほか、基隆要塞砲兵大隊、澎湖島要塞砲兵大隊があり、さらに工兵廠、衛《えい》戍《じゅ》病院、衛戍監獄などの軍衙《ぐんが》が編制されています。

4月6日には、台湾守備混成旅団司令部条例が公布されます。その第一条には「混成旅団長ハ陸軍少将ヲ以テ之ニ補シ臺灣総督ニ隷シ部下軍隊ヲ統率シ所轄守備管區内ノ警備及匪徒鎮壓ノ事ニ任ス」書かれています。

図1は蘇澳の台湾守備歩兵第一聯隊第七中隊から差し出された封書です。文面には来月、交代で近衛師団に帰隊すること、生蕃によって郵便脚夫や土民が殺害されたことなどが書かれています。**図2**は雲林《うんりん》の台湾守備歩兵第四聯隊から差し出された葉書です。勤務多忙で疎遠になったことを詫びる内容です。

■台湾守備歩兵大隊十一箇大隊時代
（明治31年10月1日〜明治40年9月8日）

明治31年（1898）10月1日、台湾守備隊は台湾守備混成旅団（三旅団）と要塞砲兵大隊（二大隊）からなるとする、台湾守備隊編制が定められました。

歩兵聯隊は廃止され、歩兵大隊（十一箇）と騎兵中隊（三箇）、砲兵大隊（三箇）、工兵中隊（三箇）に改められました。混成旅団の要員は第一師団から第十二師

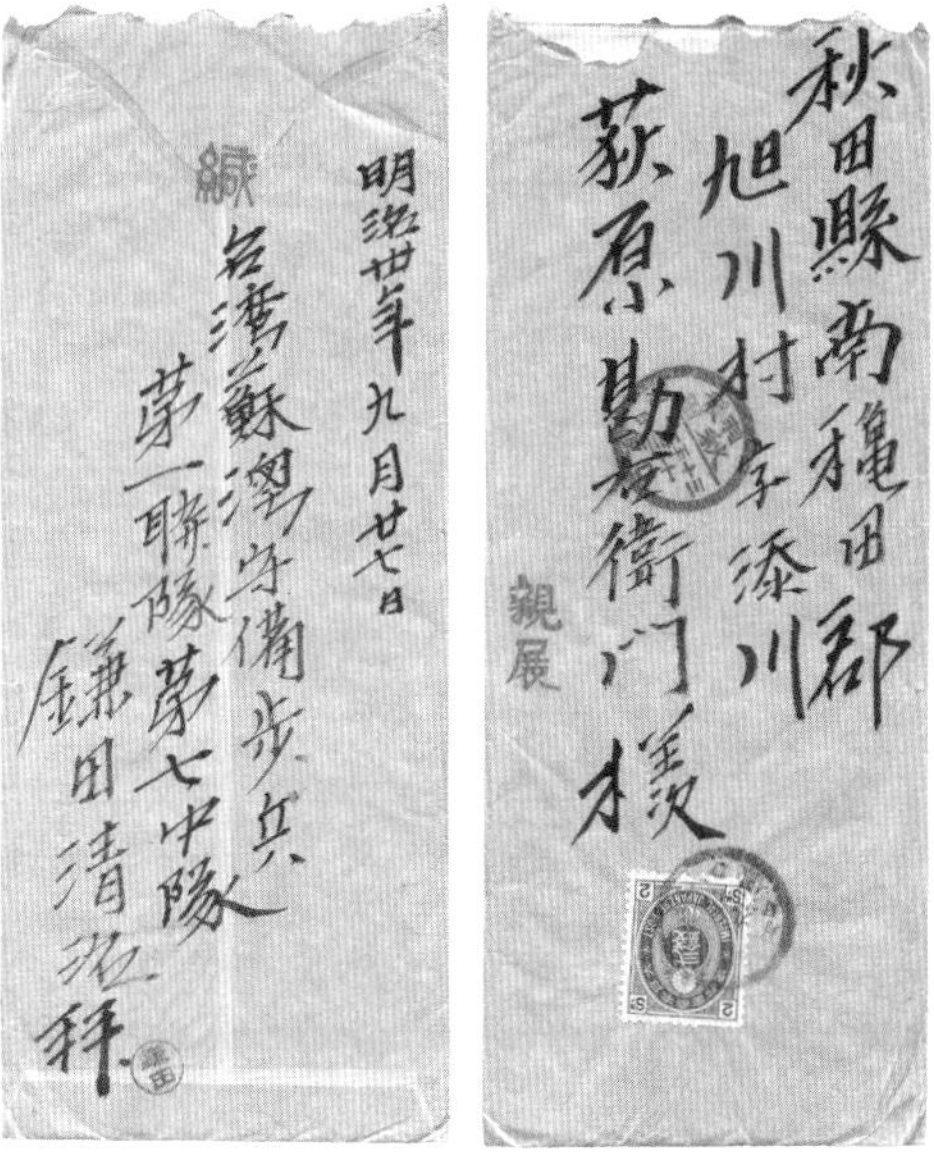

図1　台湾守備歩兵第一聯隊からの封書

明治30年9月27日、蘇澳から秋田県宛ての封書で、秋田局の10月13日の到着印が押されている。

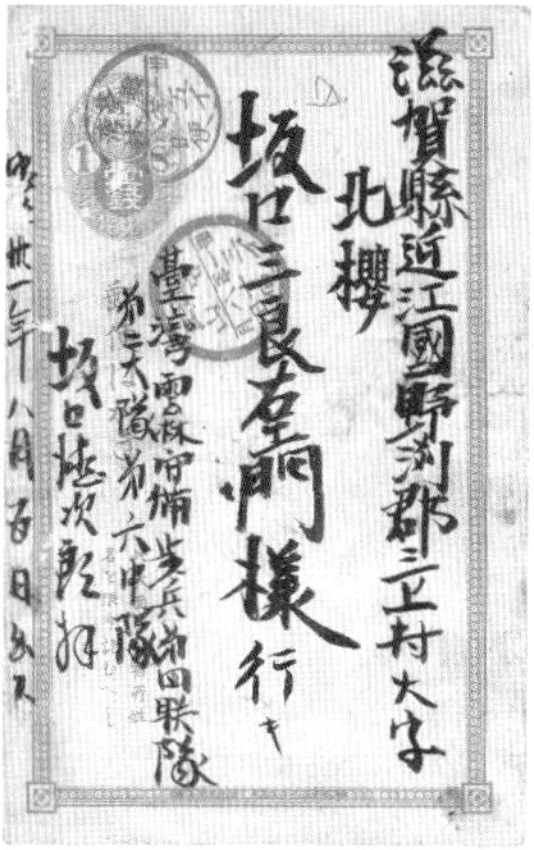

図2　台湾守備歩兵第四聯隊からの葉書

明治31年8月5日、雲林から滋賀県宛ての葉書で、守山局の8月30日の到着印が押されている。

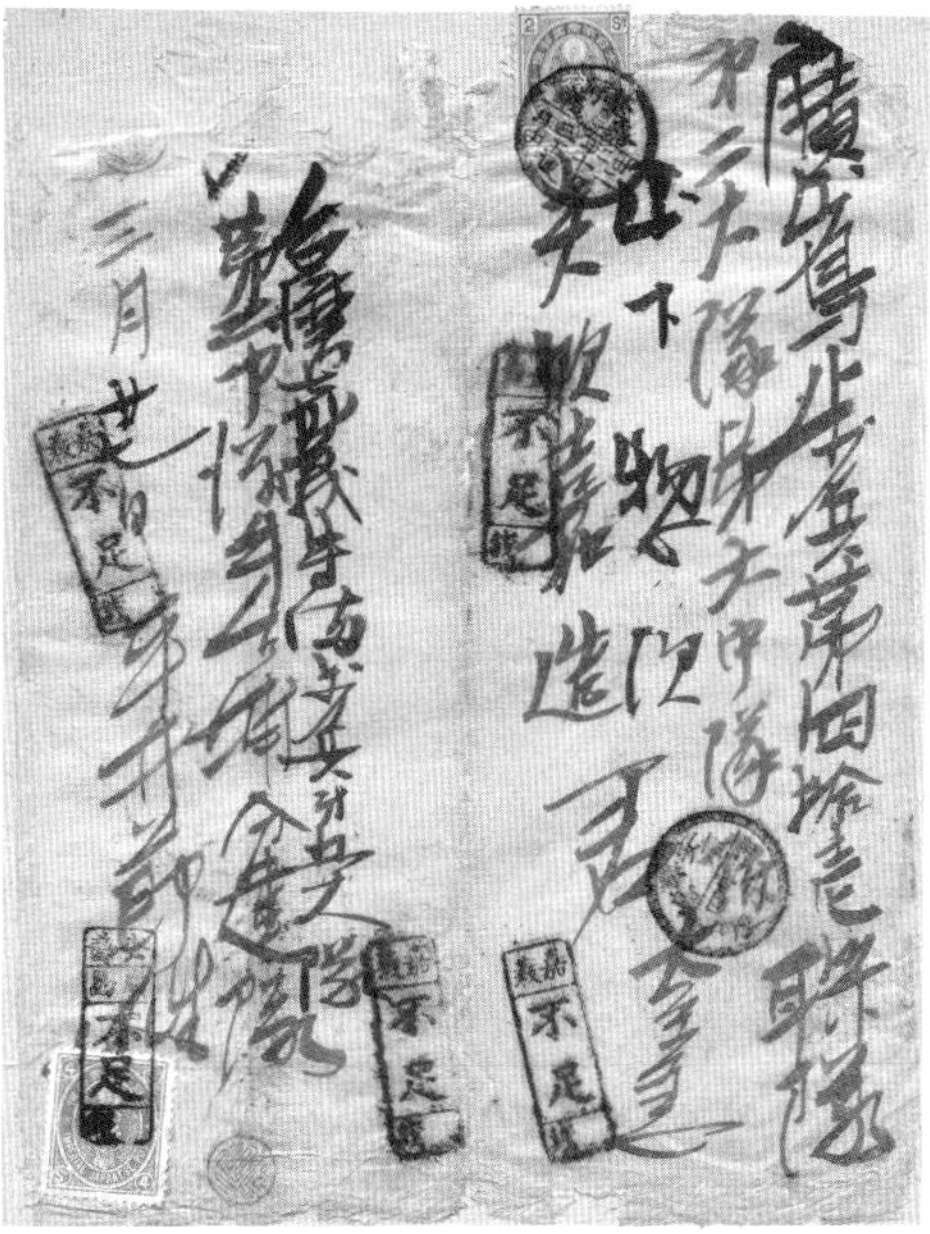

図3　台湾守備歩兵第五大隊からの封書

明治32年3月25日、嘉義から広島県宛ての封書で、到着局の広島で不足料4銭が徴収された。

図4　台湾守備歩兵第十二大隊宛ての葉書

明治35年1月７日、福岡県の甘木から台南宛ての葉書で、台南局の１月16日の到着印が押されている。

団までの各師団（近衛、第七師団を除く）から充足することになっていました。歩兵大隊については、同一番号の師団が要員の充足を担当することとなりました。将校および相当官は2年、下士官以下は1年交替でした。臺灣總督府職員録の明治32年版をもとに組織図を示すと、別表1（次ページ）のとおりです。職員録によると砲兵についてはまだ中隊編制になっていて、翌年版から大隊編制になっています。

図3は台湾守備歩兵第五大隊から広島に宛てて差し出された封書です。封書料金は明治32年3月31日まで2匁ごとに2銭でしたが、重量オーバーだったため到着地の広島で倍の4銭が徴収されています。広島は第五

表1　台湾守備隊（明治31年10月1日改正）

台湾守備混成第一旅団（台北）	旅団長	原田兼済少将
台湾守備歩兵第一大隊	大隊長	佐土原祐吉少佐
台湾守備歩兵第二大隊	大隊長	木村宣明少佐
台湾守備歩兵第三大隊	大隊長	小原正恆少佐
台湾守備歩兵第八大隊	大隊長	馬渡平蔵少佐
台湾守備騎兵第一中隊	中隊長	大塚成器大尉
台湾守備砲兵第一中隊	中隊長	吉雄英三郎大尉
台湾守備工兵第一中隊	中隊長	齋藤壽雄大尉
台湾守備混成第二旅団（台中）	旅団長	安東貞美少将
台湾守備歩兵第四大隊	大隊長	奥山義章中佐
台湾守備歩兵第九大隊	大隊長	石原応恒中佐
台湾守備歩兵第十大隊	大隊長	富田質彌少佐

師団の駐屯地で第五大隊と番号が符合します。名宛の歩兵第四十一聯隊は第五師団の隷下です。前ページ図4は台南の台湾守備歩兵第十二大隊宛ての葉書です。引受局は福岡県の甘木郵便局で第十二師団（小倉）の師管区と符合します。図5は澎湖島の台湾守備歩兵第四大隊から京都府相楽郡宛ての軍事郵便です。第四師団（大阪）の師管区と符合しています。台湾では、ロシア海軍バルチック艦隊の通過が予想された明治38年（1905）4月13日に澎湖島で、5月12日に台湾全島で戒厳令が実施され、7月7日に解除されるまでの期間、軍事郵便が取扱われました。

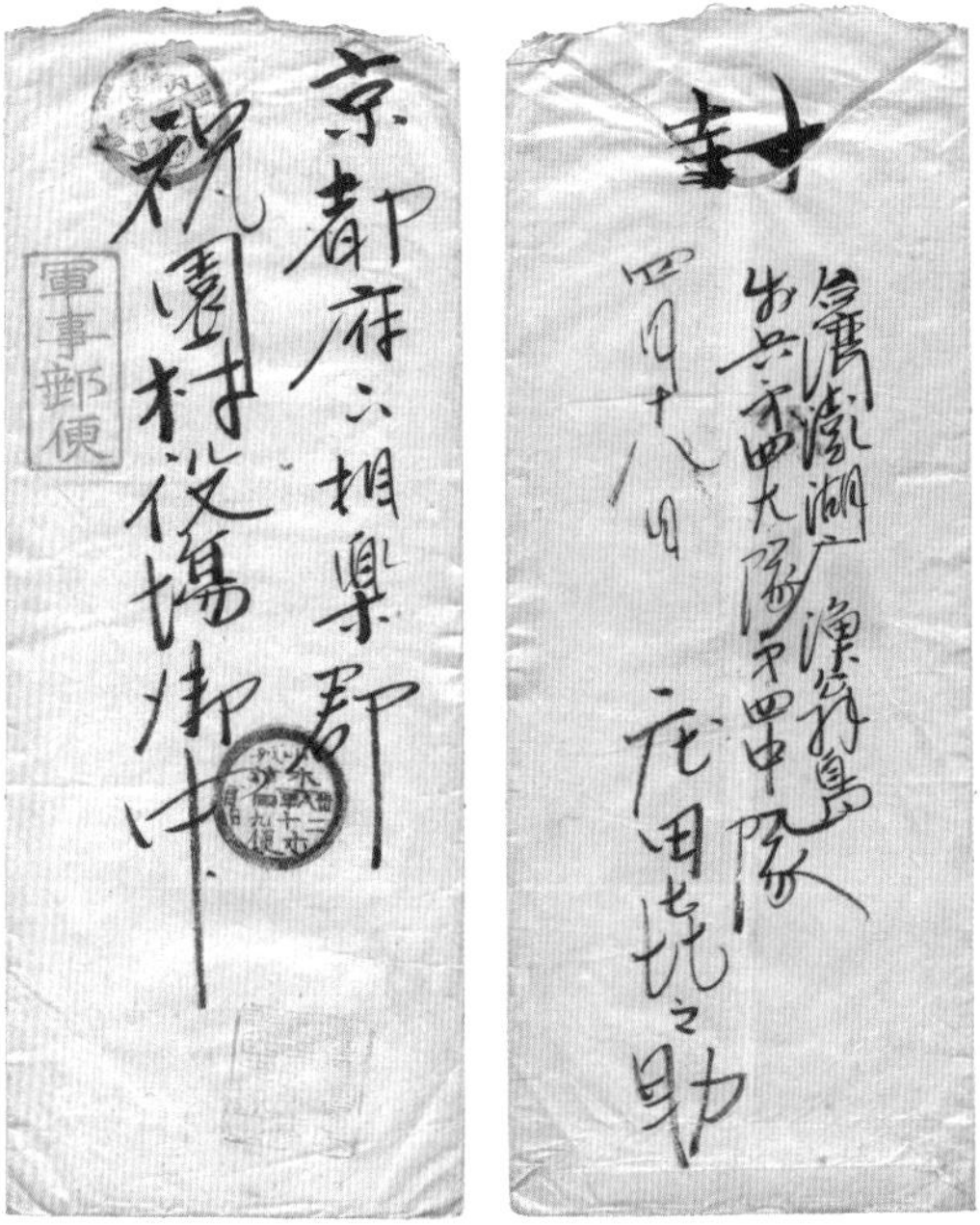

図5　台湾守備歩兵第四大隊からの軍事郵便
明治38年4月19日、澎湖島漁翁島の内按局の引受、木津局の4月29日の到着印が押されている。

■歩兵二箇聯隊時代（明治40年〜昭和15年）と台湾軍の創設

明治40年（1907）年9月9日、陸軍平時編制が改正され、台湾守備隊（二箇）が編制され、台湾守備混成旅団は廃止されます。台湾第一守備隊（司令官・牛島本蕃少将）は台北に司令部を置き、隷下に台湾歩兵第一聯隊（聯隊長・奥村信猛大佐）と台湾山砲兵第一中隊。台湾第二守備隊司令部（司令官・佐治為善少将）は台南に司令部を置き、隷下に台湾歩兵第二聯隊（聯隊長・杉村愿簡大佐）と台湾山砲兵第二中隊がありました。

大正8年8月20日には台湾軍司令部が創設され、軍司令官は明石元二郎台湾総督が兼務となりました。台湾軍司令官は天皇に直隷し、台湾の陸軍諸部隊（憲兵隊を除く）を統率し、台湾の防衛に任じ

台湾守備混成第二旅団（台中）・続き		
台湾守備騎兵第二中隊	中隊長	甘露寺順長大尉
台湾守備砲兵第二中隊	中隊長	西成昞吉大尉
台湾守備工兵第二中隊	中隊長	佐々居貞大尉
台湾守備混成第三旅団（台南）	旅団長	高井敬義少将
台湾守備歩兵第五大隊	大隊長	能美成一少佐
台湾守備歩兵第六大隊	大隊長	鎌田宜正中佐
台湾守備歩兵第十一大隊	大隊長	大久保直道中佐
台湾守備歩兵第十二大隊	大隊長	湯浅伍一少佐
台湾守備騎兵第三中隊	中隊長	橋本悌次郎大尉
台湾守備砲兵第三中隊	中隊長	富永栄蔵大尉
台湾守備工兵第三中隊	中隊長	鈴木七五郎大尉
基隆要塞砲兵大隊	大隊長	小野田健二郎少佐
澎湖島要塞砲兵大隊	大隊長	松村米作少佐

ました。軍政と人事については陸軍大臣の、作戦と動員計画については参謀総長の、教育については教育総監の区処を承けることと定められ、台湾総督から台湾の安寧秩序を保持するために出兵の請求を受けた時には、これに応じることとされました。

台湾軍の創設により、台湾総督は陸軍を直接に指揮することは出来なくなりました。歴代の台湾軍司令官と参謀長は別表2（次ページ）のとおりです。図6は台南の台湾歩兵第二聯隊から静岡県宛てに差し出された封書です。

大正14年（1925）5月1日には台湾第二守備隊が廃止され、台湾第一守備隊を台湾守備隊と改称します。同日、台湾軍司令部隷下に飛行第八聯隊（聯隊長・山崎甚八郎大佐）が創設され、屏東《へいとう》に聯隊本部が置かれました。また台湾山砲兵第一、第二中隊は台湾山砲兵大隊に統合されました。同大隊は昭和9年ごろには台湾山砲兵聯隊に改編されています。

歩兵二箇聯隊時代は長く続いたため、台湾の日本軍と言えば台北の一聯隊、台南の二聯隊という印象を多くの方が持っていらっしゃるかもしれません。なお、台中などの要衝地には分遣隊が派遣されました。年によって派遣される部隊は交代しますが、一例として昭和5年（1931）8月の時点では、台中には一聯隊の第三大隊本部が、宜蘭には第一大隊第一中隊が、花蓮港《かれんこう》には二聯隊の第三大隊本部が、玉里《たまざと》には

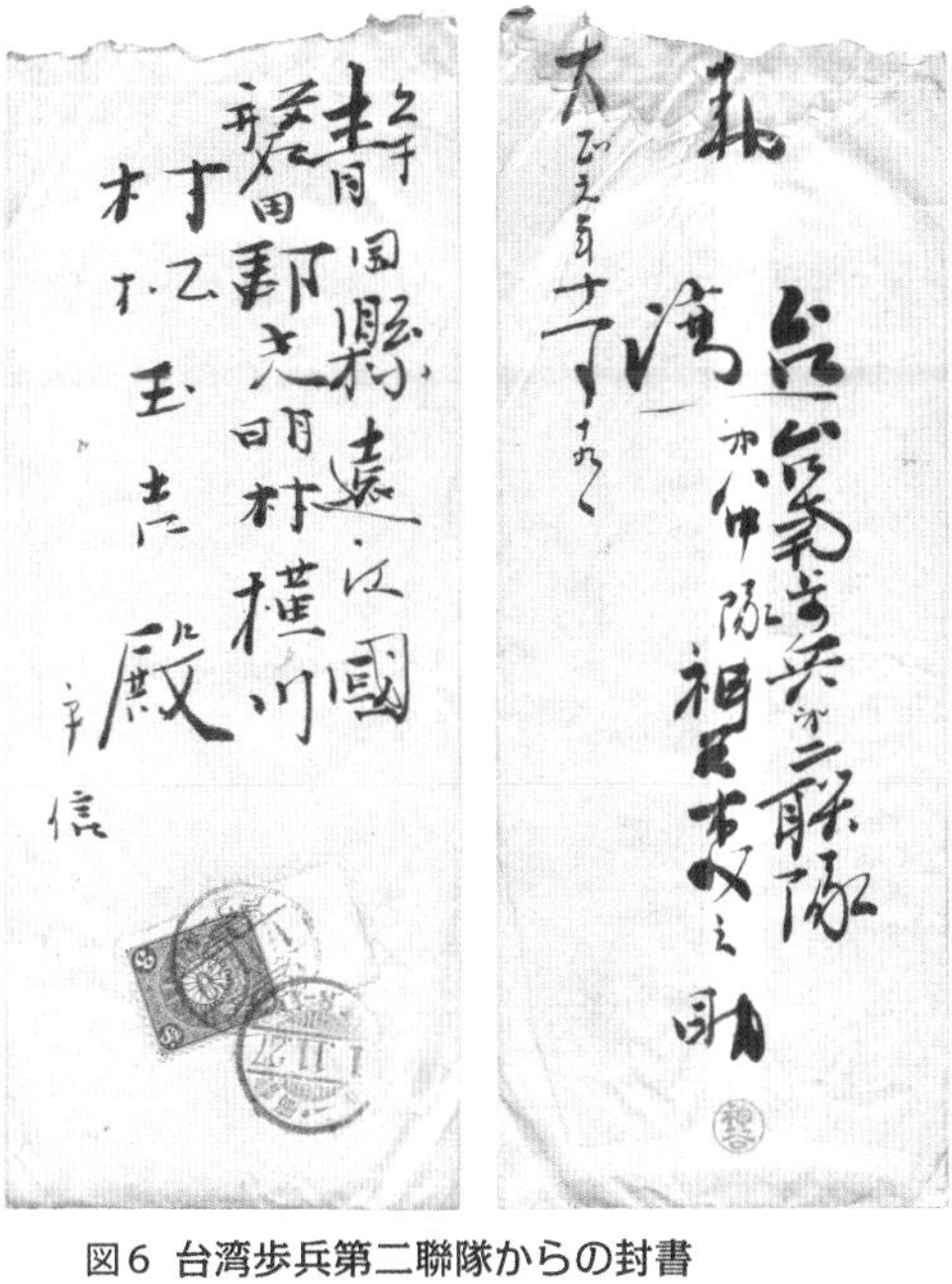

図6　台湾歩兵第二聯隊からの封書

大正元年11月20日、台南から静岡県宛ての封書で、二俣局の11月27日の到着印が押されている。

表2　台湾軍の歴代軍司令官、軍参謀長

	軍司令官		軍参謀長
大正8(1919)8.20	明石元二郎大将	大正8(1919)8.20	曽田孝一郎少将
大正8(1919)11.1	柴五郎大将		
大正10(1921)5.3	福田幾太郎中将	大正10(1921)2.25	佐藤小次郎少将
大正12(1923)8.6	鈴木壮六大将		
大正13(1924)8.20	菅野尚一中将	大正13(1924)2.4	渡辺金造少将
大正15(1926)7.28	田中国重中将		
昭和3(1928)8.10	菱刈隆中将	昭和2(1927)7.26	佐藤子之助少将
昭和5(1930)6.3	渡辺錠太郎中将	昭和5(1930)4.24	小杉武司少将
昭和6(1931)8.1	真崎甚三郎中将		
昭和7(1932)1.9	阿部信行中将	昭和7(1932)4.11	清水喜重少将
昭和8(1933)8.1	松井石根中将	昭和8(1933)3.18	大塚堅之助少将
昭和9(1934)8.1	寺内寿一中将	昭和9(1934)1.22	桑木崇明少将
昭和10(1935)12.2	柳川平助中将	昭和10(1935)8.1	荻洲立兵少将
		昭和11(1936)8.1	畑俊六少将
昭和12(1937)8.2	古荘幹郎中将	昭和12(1937)3.1	秦雅尚少将
昭和13(1938)9.8	児玉友雄中将	昭和13(1938)2.19	田中久一少将
昭和14(1939)12.1	牛島実常中将	昭和13(1938)10.15	大津和郎少将
昭和15(1940)12.2	本間雅晴中将	昭和15(1940)3.9	上村幹男少将
昭和16(1941)11.6	安藤利吉中将	昭和16(1941)3.1	和知鷹二少将
		昭和17(1942)2.20	樋口敬七郎少将
		昭和18(1943)10.29	近藤新八少将
		昭和19(1944)7.8	諫山春樹中将

昭和19年9月22日第十方面軍創設　軍司令官安藤利吉大将、軍参謀長諫山春樹中将

昭和20年2月1日台湾軍管区司令部　司令官安藤利吉兼務、参謀長諫山春樹中将兼務

安藤利吉　昭和19年1月7日大将昇任、昭和19年12月30日台湾総督就任

第三大隊第九中隊が、台東には第三大隊第十一中隊が、それぞれ分遣されていました。

図7は昭和4年（1930）6月の使用例で、この年は台東には二聯隊第十中隊が分遣されていたことがわかります。

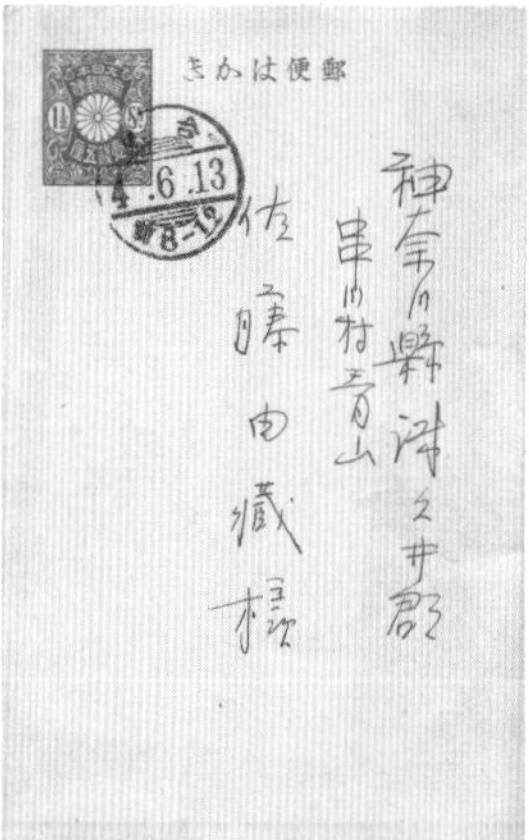

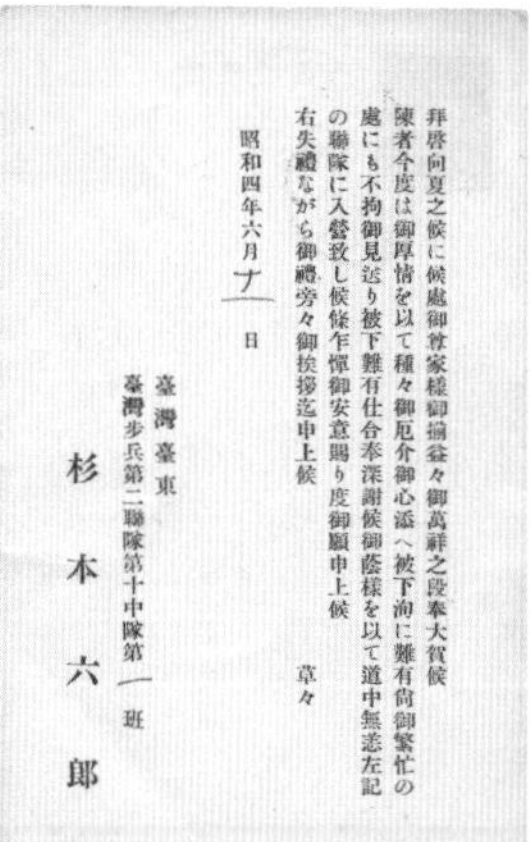
拝啓向夏之候に候處御尊家様御揃益々御萬祥之段奉大賀候
陳者今度は御厚情を以て種々御厄介御心添へ被下洵に難有尚御繁忙の
處にも不拘御見送り被下難有仕合奉深謝候御蔭様を以て道中無恙左記
の聯隊に入營致し候條乍憚御安意賜り度御願申上候
右失禮ながら御禮旁々御挨拶迄申上候　草々

昭和四年六月十一日

臺灣臺東
臺灣步兵第二聯隊第十中隊第一班
杉本六郎

図7　台湾歩兵第二聯隊からの葉書
昭和4年6月13日、台東から神奈川県宛ての葉書、この年には第三大隊第十中隊が分遣されていた。

昭和11年（1936）には嘉義に飛行第十四聯隊が創設され、飛行第八聯隊との上部組織として第三飛行団司令部が屏東に設けられました。

屏東の飛行第八聯隊の営舎。

■台湾部隊の日中戦争への動員と第四十八師団の創設

昭和12年（1937）9月7日、第二次上海事変の増派部隊として、台湾軍から台湾守備隊司令官の重藤千秋少将を長とする重藤支隊が編成され、上海派遣軍に編入されました。戦闘序列は台湾守備軍司令部（無線通信隊を附す）、台湾歩兵第一聯隊、台湾歩兵第二聯隊、台湾山砲兵聯隊、台湾第一衛生隊、台湾第二衛生隊、台湾臨時自動車隊、台湾第一輸送監視隊、台湾第二輸送監視隊となっています。上海戦が終り、南京に向けての追撃戦となると、12月7日に第五軍が編成され、台湾軍軍司令官の古荘幹郎中将が第五軍司令官を兼務、軍参謀長も秦雅尚少将が兼務しました。重藤支隊も第五軍に編入され、南京攻略戦に参加しました。

昭和13年（1938）3月1日、台湾守備隊司令官が波田重一少将に交代、部隊名も波田支隊となり、11月9日には台湾守備隊司令官が飯田祥二郎少将に代り、昭和14年（1939）1月31日、飯田を旅団長とする台湾混成旅団に改編され、海南島に配備されます。さらに昭和15年（1940）11月30日、台湾混成旅団を基幹として第六師団から歩兵第四十七聯隊を編合し、特科部隊を加えて第四十八師団が創設されました。同師団は太平洋戦争においてはフィリピン攻略戦に参加後、オランダ領東インドに進出しています。

図8は台湾歩兵第二聯隊の兵士から嘉義の家族に宛てて振り出された軍事郵便為替の振出請求書です。振出人の所属にある「海」は第四十八師団を示す文字符、第八九四三部隊が台湾歩兵

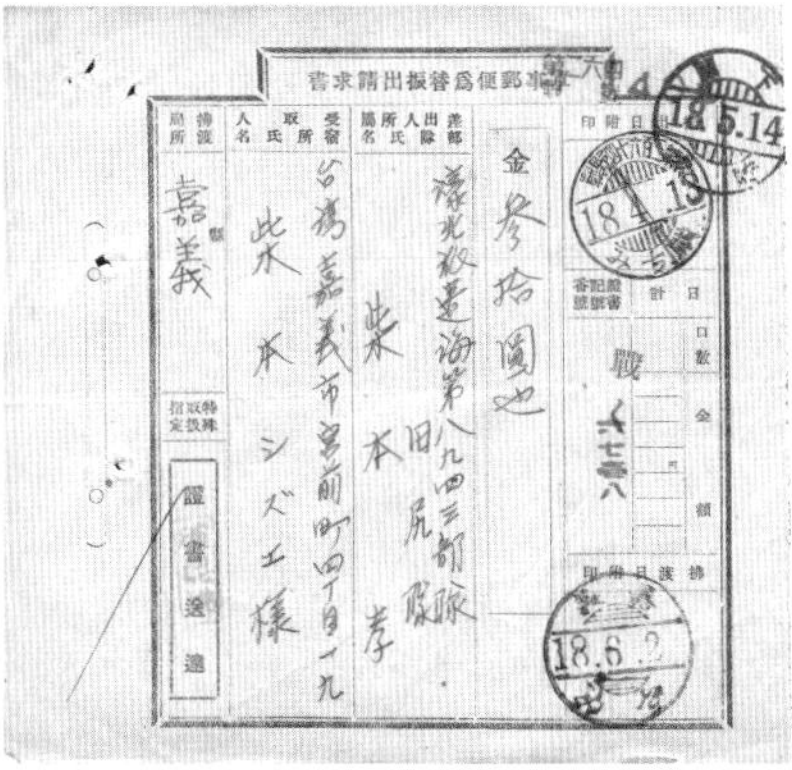
軍事郵便為替振出請求書
金参拾圓也
台湾嘉義市
嘉義

図8　台湾歩兵第二聯隊からの軍事郵便小為替振出請求書

チモール島の東部はポルトガル領、西部はオランダ領で、台湾歩兵第二聯隊は東部に配置された。

第二聯隊を示します。振出郵便局は第二百六十四野戦郵便所でチモール島のデリーにありました。

■台湾の防衛強化、第十方面軍の創設

太平洋戦争がはじまり、連合国軍の反攻が激化し、台湾への上陸も視野に入れなければならなくなった昭和19年（1944）5月3日、第五十師団が創設、さらに7月12日に第六十六師団が創設されました。また6月8日には東京の第一航空軍司令部で第八飛行師団司令部が編成され、師団司令部は台北に進出し、台湾および南西諸島（沖縄）の航空作戦に任じました。

9月22日には台湾軍を改編し、作戦軍として第十方面軍を創設、方面軍軍司令官に安藤利吉大将、方面軍軍参謀長に諫山春樹中将が就任しました。第十方面軍隷下には沖縄の防衛を担当する第三十二軍も含まれていました。12月には関東軍から第十二師団が台湾に移駐、昭和20年（1945）1月には沖縄の第三十二軍から第九師団、関東軍から第七十一師団が台湾に転用され、その他、独立混成旅団（7箇）をはじめとする様々な部隊も加わり、第十方面軍の兵力は一気に充実しました。結果的にアメリカ軍の台湾上陸はなく、地上戦は行われませんでしたが、精鋭部隊である第九師団を上級軍である第十方面軍に引き抜かれた第三十二軍の戦力の低下は否定できないものとなりました。第三十二軍を除く第十方面軍の主要部隊は別表3（110ページ）のとおりです。

図9は敢第一七八八部隊（第六十六師団迫撃砲隊）から佐賀県に宛てて出された航空便です。この師団には野砲兵部隊や山砲部隊ではなく、迫撃砲の部隊が編成されました。**図10**は台湾第五七六八部隊（海上挺進基地第二十一大隊）から馬来《マライ》派遣岡第一一〇六一部隊（第三航空固定通信隊）宛てに差し出された航空便です。岡は昭南（シンガポール）の第七方面軍を示す文字符です。海上挺進部隊とは陸軍の水上特攻兵器である四式肉薄攻撃艇（マルレ）の部隊です。海上挺進基地大隊は戦闘部隊である海上挺進戦隊の後方支援にあたる部隊で、基地の防衛と建設にあたる作業中隊とマ

図9　敢第一七八八部隊からの航空便
昭和19年9月23日、花蓮港局引受。航空料金の40銭切手は台湾の鵞鑾鼻灯台を描いたもの。

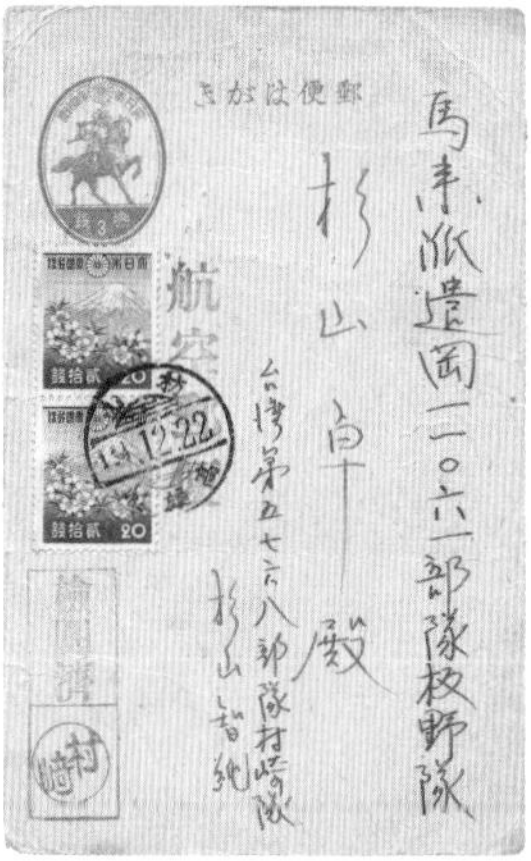

図10　台湾第五七六八部隊からマライ宛ての航空便
昭和19年12月22日、枋山局で引受られた陸軍の水上特攻兵器マルレ部隊差出の葉書。

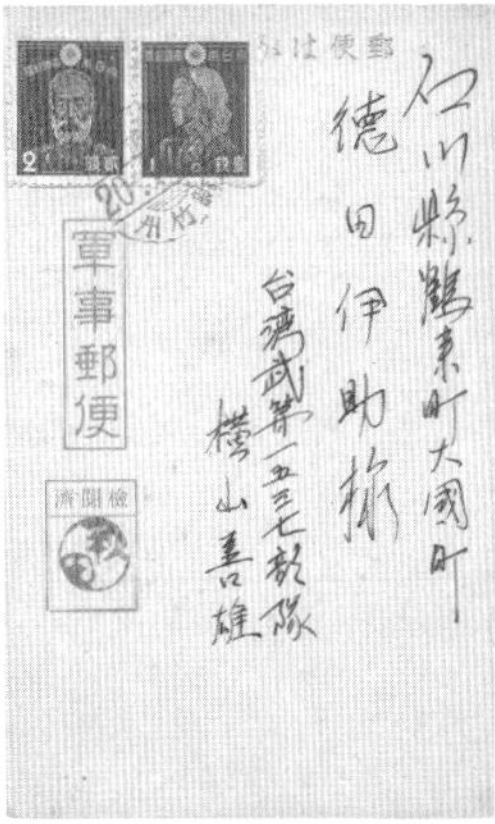

図11　**武第一五三七部隊からの葉書**
昭和20年1月29日、新竹から石川県に差し出された第九師団制毒隊からの葉書。

ルレの整備にあたる整備中隊で構成されていました。台湾には二十、から二十五までの海上挺進戦隊と基地大隊が配備され、上級組織に第四海上挺進基地隊本部がありました。

図11は台湾武第一五三七部隊（第九師団制毒隊）から石川県に宛てて出された葉書です。制毒隊は化学戦部隊で、毒ガスによる攻撃と敵の化学兵器からの防御を担当していました。**図12**の2通は第五二六五部隊（独立工兵第六十四大隊）から差し出された郵便です。**12a**は彰化局の3月13日の引受で、航空郵便、公用、書留という印判が押されています。

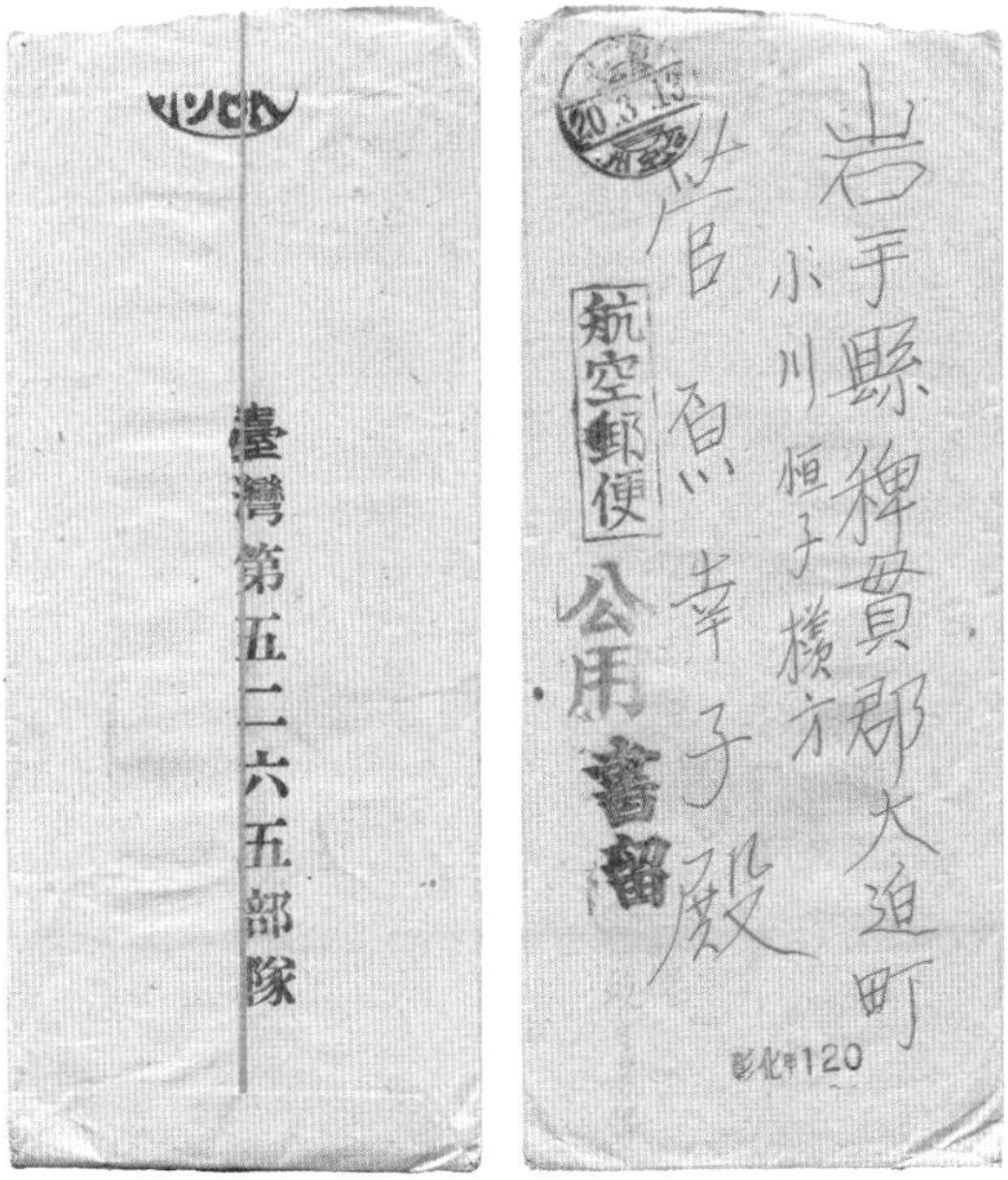

図12a　**第五二六五部隊からの公用書留航空便**
昭和20年3月13日、彰化局引受、無料となる軍事郵便ではなく切手貼付を省略した戦時特例。

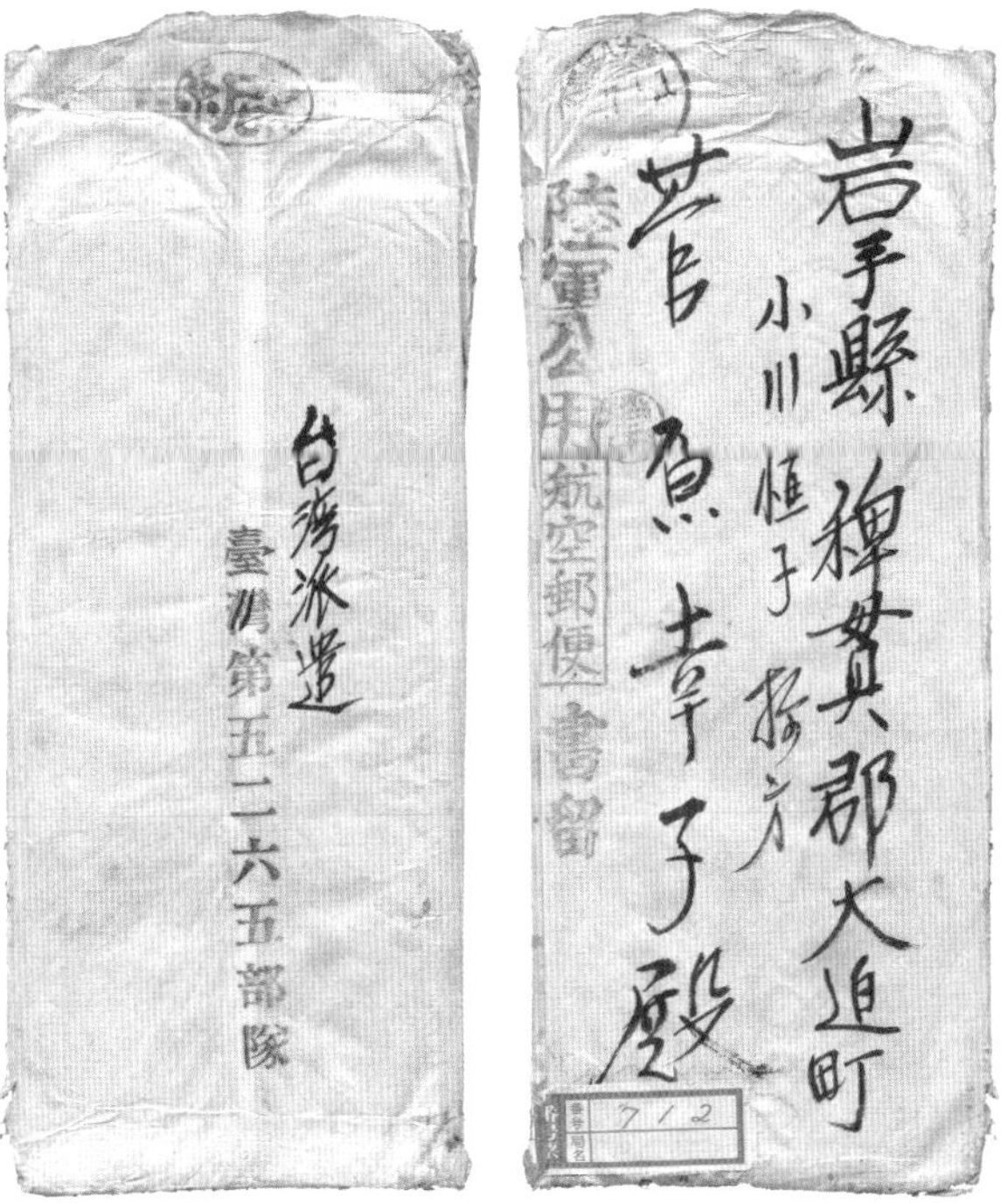

図12b　**第五二六五部隊からの公用書留航空便**
昭和20年7月1日、第十八軍事郵便所の引受、軍事郵便取扱開始後で、無料で引受けられた。

12bは第十八台湾軍事郵便所の7月1日の引受で、陸軍公用、航空郵便、書留の印判が押されています。差出人名は書かれていませんが、名宛人が菅原幸子とあることから、独立工兵第六十四大隊長の菅原平内少佐だと推定できます。

　4月10日には南西諸島ならびに台湾所在の陸軍部隊に対し、軍事郵便の取扱が開始され、台湾島内の普通郵便局に併設される形で軍事郵便所が設置されました。第十八台湾軍事郵便所は彰化局に併設されました。また軍事郵便の取扱においては、書留や航空便（特別軍事航空葉書を除く）は公用郵便物に限るとされました。この封書は中身が残っていて、内容は完全に私信ですが、部隊長の特権として公用扱いにしたと思われます。3月の部隊名は台湾第五二六五部隊ですが、7月の部隊名は台湾派遣台第五二六五部隊となっていて、湾の字を斜線で消しています。○○派遣通称号は戦地の部隊からの軍事郵便の表記法に立脚した書き方です。

図13は台湾敢第七一六七部隊（第六十六師団歩兵第二百四十九聯隊）からの差し出しで、第十三台湾軍事郵便所引受の軍事郵便として無料扱いとなっています。第十三軍事郵便所は桃園局に併設されました。**図14**の葉書の差出人の肩書は台湾第三野戦郵便局気付台湾第二一一二五部隊（台南陸軍病院）とあります。野戦郵便局と書いてありますが、これは差出人の間違いで台湾第三軍事郵便所が正しく台南局に併設です。

　この茶色っぽい葉書は台湾楠公葉書と呼ばれるもので、日本から葉書の供給が止まることを懸念した台湾総督府逓信部が、甘蔗の搾りかす（バガス紙）から作ったものです。額面は3銭になっていますが、印刷が遅れてしまい、昭和20年（1945）4月1日の葉書料金の5銭に値上げ後の6月ごろから、郵便局の窓口で収納印を押して5銭で売り出されたものです。消印がありませんが、無料の軍事郵便の取扱が開始されていたため、料額印面を抹消する必要がなく省略されたと思われます。20.7.11着の書き込みがあり、7月の使用例だと推定できます

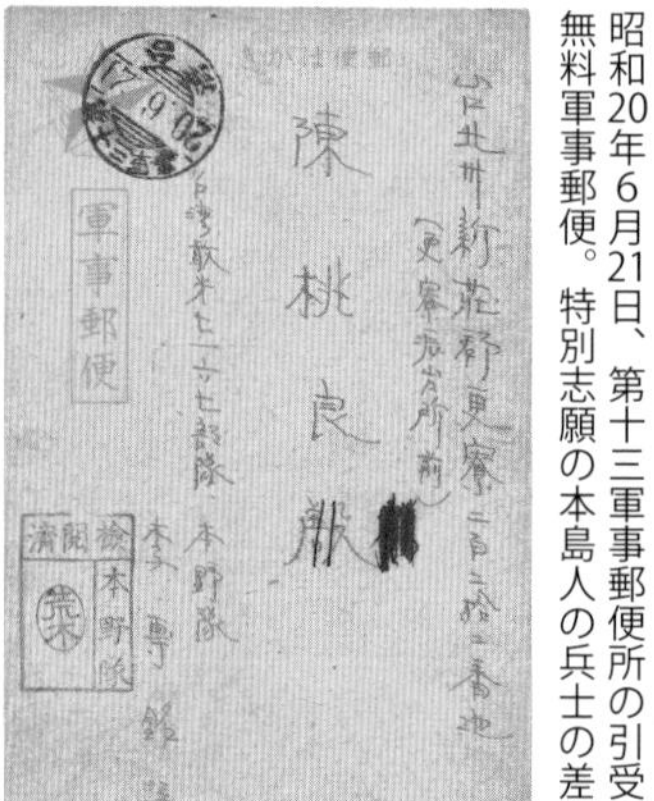

図13　**敢第七一六七部隊からの軍事郵便**
昭和20年6月21日、第十三軍事郵便所の引受の無料軍事郵便。特別志願の本島人の兵士の差出。

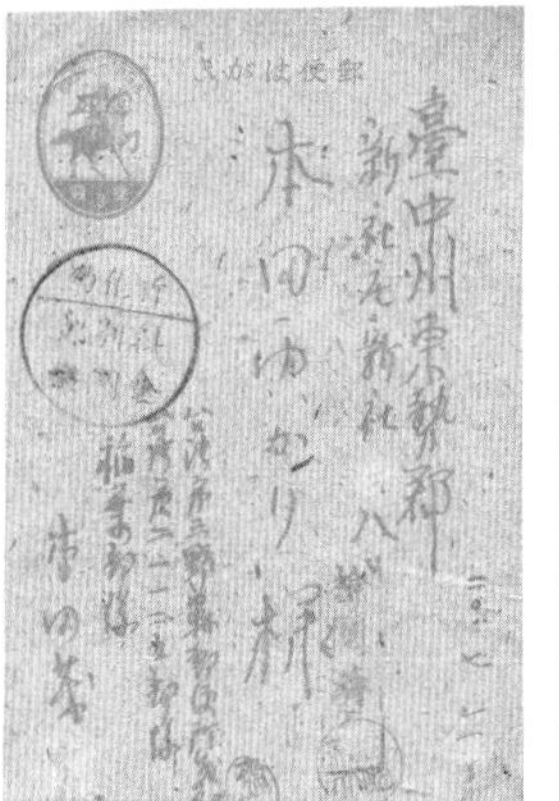

図14　**第二一一二五部隊からの葉書**
甘蔗の搾りかすから作られた台湾楠公葉書の使用例。昭和20年6月ごろから売り出された。

■海軍部隊の配備

台湾海峡に存在する澎湖諸島は、台湾の防衛にとって重要な場所でした。明治36年（1903）6月に陸軍の澎湖島要塞司令部が設置されたほか、海軍の馬公《まこう》要港部が明治34年（1901）7月3日に開設されました。初代の馬公要港部司令官は上村正之丞少将でした。それから長く要港部のままでしたが、太平洋戦争開戦直前の昭和16年（1941）11月20日に馬公警備府に格上げされ、山本弘毅要港部司令官がスライドして警備府司令長官となりました。昭和18年4月1日には警備府を高雄に移転し、高雄警備府と名称を改めます。馬公には馬公方面特別根拠地隊が設置されました。

海軍航空隊では高雄海軍航空隊が昭和13年（1938）4月1日に開隊、陸上攻撃機が配備されました。昭和15年（1940）11月15日には飛行艇部隊の東港《とうこう》海軍航空隊が開隊、昭和16年（1941）10月1日には戦闘機部隊の台南海軍航空隊が開隊しました。いずれも実戦に参加する作戦実施部隊で、昭和17年（1942）11月1日に、それぞれ第七五三海軍航空隊、第八五一海軍航空隊、第二五一海軍航空隊と改称しました。そのほか、練習航空隊の新竹海軍航空隊（昭和17年4月1日開隊）、二代目となる高雄海軍航空隊（昭和17年11月1日開隊）、二代目となる台南海軍航空隊（昭和18年4月1日開隊）、虎尾海軍航空隊（昭和19年5月15日開隊）、第二高雄海軍航空隊（昭和19年8月15日開隊）があり、基本的に飛行機を持たず基地任務を担当する台湾海軍航空隊（昭和19年7月10日開隊）がありました。台湾海軍航空隊は昭和20年6月15日に北台海軍航空隊と南台海軍航空隊に分割されました。

図15は陸上攻撃機の練習航空隊の新竹海軍航空隊から差し出された封書です。新竹海軍航空隊は昭和18年（1943）11月25日の新竹空襲で大きな被害を受け、昭和19年（1944）1月1日に解隊しました。

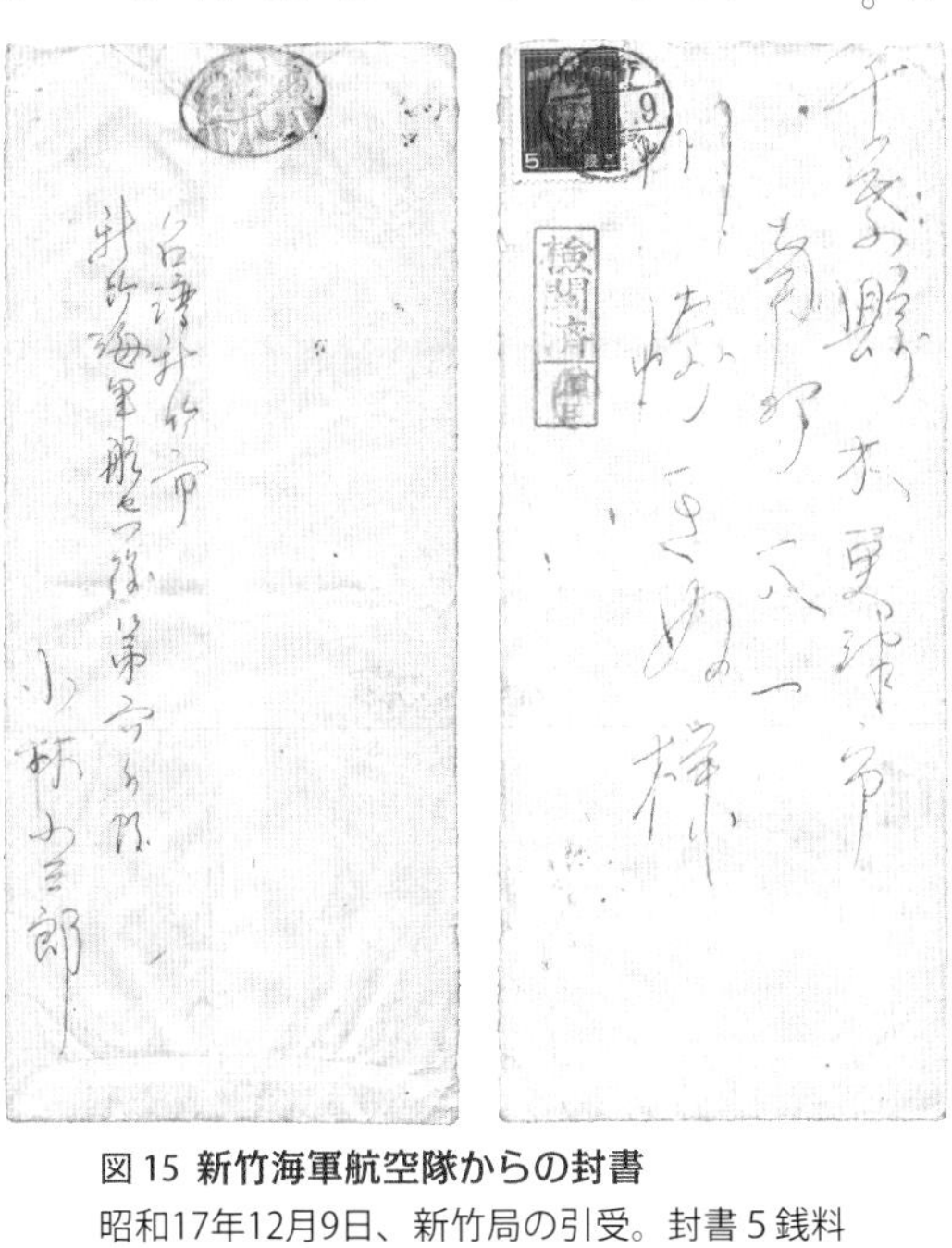

図15 新竹海軍航空隊からの封書

昭和17年12月9日、新竹局の引受。封書5銭料金は昭和17年4月1日から昭和19年3月31日。

表3 第10方面軍戦闘序列（主要部隊を抜粋・沖縄の第32軍を除く）

固有部隊名	通称	番号	終戦時所在地
第10方面軍	湾		台北
第９師団	武	1515	新竹
歩兵第７聯隊	武	1524	基隆
歩兵第19聯隊	武	1528	新竹
歩兵第35聯隊	武	1533	新竹
山砲兵第９聯隊	武	1546	湖口
工兵第９聯隊	武	1550	龍潭
輜重兵第９聯隊	武	1564	関西街
第12師団	剣	8713	新竹
歩兵第24聯隊	剣	8703	鳳山
歩兵第46聯隊	剣	8705	高雄州
歩兵第48聯隊	剣	8707	台南
野砲兵第24聯隊	剣	8722	新化街
工兵第18聯隊	剣	8745	
輜重兵第18聯隊	剣	8751	
第50師団	蓬	19710	屏東
歩兵第301聯隊	蓬	19701	
歩兵第302聯隊	蓬	19702	枋寮
歩兵第303聯隊	蓬	19703	鳳山
捜索第50聯隊	蓬	19704	潮州
山砲兵第50聯隊	蓬	19705	
工兵第50聯隊	蓬	19706	東港
輜重兵第50聯隊	蓬	19708	鳳山
第66師団	敢	1785	宜蘭
歩兵第249聯隊	敢	1769	
歩兵第304聯隊	敢	1786	
歩兵第305聯隊	敢	1787	樹林口
第71師団	命	4321/ 13250	斗六
歩兵第87聯隊	命	4322	
歩兵第88聯隊	命	4323/13272	
歩兵第140聯隊	命	13299	
山砲兵第71聯隊	命	13282	嘉義
工兵第71聯隊	命	4325/13273	
輜重兵第71聯隊	命	4393	大林
独立混成第61旅団	鎧	10291	バブヤン島
独立混成第75旅団	興	12851	新竹南方

固有部隊名	通称	番号	終戦時所在地
独立混成第76旅団	律	12861	基隆
重砲兵第13聯隊	律	12864	基隆
独立混成第100旅団	盤石	21111	高雄
独立混成第30聯隊	盤石	12870	
重砲兵第16聯隊	盤石	4522	
独立混成第102旅団	八幡	12881	花蓮港南方
独立混成第103旅団	破竹	21101	淡水
独立混成第112旅団	雷神	21134	宜蘭
独立混成第32聯隊	雷神	12882	
独立混成第33聯隊	雷神	21116	
独立混成第42聯隊	台湾	？	鳳山
野戦重砲兵第16聯隊	台湾	12302	楊梅
高射砲第161聯隊	台湾	2530/4550	
高射砲第162聯隊	台湾	4587	
戦車第25聯隊	台湾	5307	
第４海上挺身基地隊本部		19772	
第10方面軍通信隊	台湾	1791	
第５野戦航空修理廠	台湾	19023	
第５野戦航空補給廠	台湾	19024	
独立工兵第42聯隊	台湾	12883	
船舶工兵第28聯隊	暁	16757	
船舶工兵第30聯隊	暁	16759	
第７野戦船舶廠	暁	19808	
電信第33聯隊	台湾	21301	
電信第34聯隊	台湾	12877	台北
第１野戦築城隊	台湾	5735	淡水
第10方面軍野戦兵器補給廠	台湾	12800	
第10方面軍野戦貨物廠	台湾	12806	
台湾陸軍貨物廠	台湾	12805	
第８飛行師団	誠	18901	
第９飛行団	誠	9601	
第22飛行団	誠	10652	
独立第25飛行団	誠	18966	
第16航空通信聯隊	誠	18499	

コラム

中正《ゾンジェン》紀念堂

台北の観光ツアーで必ず訪れる場所のひとつに中正紀念堂があります。中華民国の初代総統だった蒋介石は、台湾では一般的に蒋中正《ジャンゾンジェン》と呼ばれています。介石というのは字《あざな》です。中正紀念堂は蒋介石を顕彰するための施設で、1980年に完成しました。

観光ツアーでは、メインホールの蒋介石座像の前で行われる儀仗隊の交代式を見るだけのことが多いようですが、階下には蒋介石の業績を示す様々な資料の展示室があります。また特別展示室もあり、蒋介石とは関係の無い企画展示も行われています。

2000年に民主進歩党の陳水扁が総統に選出され、2004年に再選されると、2007年に中正紀念堂は台湾民主紀念館と改名されましたが、2008年に中国国民党の馬英九が総統に当選すると、2009年に再び中正紀念堂に戻され現在に至っています。また紀念堂の正面には高さ30メートルの大中至正門があり、「大中至正」の文字が掲げられていましたが、2007年に自由廣場と書き換えられました。この「自由廣場」の文字は、国民党が政権に復帰した後もそのまま使用されています。

現在は民主進歩党出身の蔡英文総統(2016年就任、2020年再選)ですが、改名の動きは無いようです。25万平方メートルという広大な敷地内には、国家戯劇院(1987年開館)、国家音楽庁(1987年開館)、公園、池などの施設があります。国家戯劇院では京劇、オペラ、バレエ、演劇などの公演が、国家音楽庁ではクラシックコンサートなどが行われています。筆者も国家戯劇院には三度、公演を観にいきました。いずれも宝塚歌劇団の台湾公演で、2013年星組、2015年花組、2018年星組です。宝塚歌劇の大ファンで台湾好きの筆者にとっては、行かないという選択肢はありませんでした。余談ですが、2018年は高雄でも公演があり、そちらにも足を延ばしました。

中正紀念堂

国家戯劇院

台北市の中心部である中正区に25万平方メートルという敷地が確保できたのは、ここがかつて日本軍の台湾歩兵第一聯隊と砲兵隊の駐屯地だったからです。中正紀念堂を訪問される際は、そのことにも思いをはせていただければと思います。ちなみに台南の台湾歩兵第二聯隊の駐屯地は現在、国立成功大学のキャンパスになっています。

皇太子訪問への熱烈歓迎

美麗島メモリアル

台湾総督府での記念行事

台北停車場前の大奉迎門を通過する皇太子

台北市太平町（本島人市街）の奉迎門

第十章

皇太子の台湾行啓

台湾神社に参拝する皇太子裕仁親王。大正12年（1923）4月17日。

※【行啓】天皇のお出掛けを行幸（ぎょうこう）と呼ぶのに対して、皇太后、皇太子、皇太子妃のお出掛けは行啓（ぎょうけい）と呼ばれる。

大正12年（1923）4月に行われた皇太子裕仁親王の台湾訪問は、台湾総督府の長年の悲願でした。日本統治時代に皇族の台湾訪問は30人近くにのぼりますが、次の天皇になる皇太子の台湾行啓は、一般の皇族の訪問とは重みが違いました。

悲願の裕仁親王台湾行啓

■行啓の計画から実現まで

第5代総督佐久間左馬太は、皇太子の台湾行啓を計画し、日本政府に働きかけましたが、実現しませんでした。その後、歴代の台湾総督も構想を持っていましたが、第一次世界大戦などもあり、台湾行啓は見送られ、悲願の実現は大正12年（1923）4月、第8代総督田健治郎の時代になってからのことでした。

大正11年（1922）12月、加藤友三郎海軍大臣から牧野伸顕宮内大臣に、台湾訪問にふさわしい気象の時期について、4月が最も適当であるとした通牒が残っていて、アジア歴史資料センターのデータベースで確認することができます。これにより大正12年（1923）4月5日（木）横須賀出港、4月9日（月）基隆入港、4月23日（月）基隆出港、4月27日（金）横須賀入港の計画が立てられました。

しかし、フランスのサン・シール陸軍士官学校留学中の北白川宮成久《なるひさ》王が、4月1日に自動車事故で死亡、同乗していた妃の房子内親王（明治天皇第七皇女）と朝香宮鳩彦《やすひこ》王も重傷を負うという事件があり、行啓は一週間延期となり、4月12日（金）横須賀出港、4月16日（月）基隆入港、4月27日（金）基隆出港、5月1日（火）横須賀入港と日程が3日間短縮されて、20日間（台湾滞在12日間）の台湾訪問が実現しました。

■台湾の主な訪問先を辿る

▼4月16日（月）：お召し艦「金剛」、供奉艦「比叡」「霧島」基隆入港❶（左㌻の地図上の番号に照応）。基隆駅から台北駅へ❷／御泊所（台湾総督官邸）。

▼4月17日（火）：台湾神社、台湾総督府、台湾生産品展覧会（台北植物園内）、中央研究所農業部陳列室。

▼4月18日（水）：中央研究所、台北師範学校、同附属小学校、太平公学校、台湾軍司令部、高等法院、台北第一中学、医学専門学校。

▼4月19日（木）：台北駅から新竹駅へ❸。新竹州庁、新竹尋常高等小学校、新竹駅から台中駅へ❹。台中州庁、台中第一尋常高等小学校、陸軍台中分屯大隊、台中水道水源地、台中第一中学校／台中御泊所（州知事官邸）。

▼4月20日（金）：台中駅から台南駅へ❺。北白川宮能久親王遺跡地、南門尋常小学校、孔子廟、台南師範学校、台南第一公学校、台南第一中学校／台南御泊所（州知事官邸）。

皇太子裕仁の台湾行啓の行程

番号は本文の記述と照応する。カッコ内の日付は大正12年のもので、各地への皇太子の到着日を示す。ただし、金剛乗艦のみは出港日を示す。

▼4月21日(土)：安平《アンピン》埋立地、安平製塩会社塩田、鹹水《かんすい》養殖試験場、台湾歩兵第二聯隊、台南駅から高雄駅へ❻。高雄州庁、高雄第一尋常高等小学校、高雄港／高雄御泊所（高雄寿山館）。

▼4月22日(日)：高雄駅から屏東駅へ❼。台湾製糖屏東工場、屏東駅から高雄へ。エープヒル登山（のち寿山と命名）。

▼4月23日(月)：高雄港から澎湖島の馬公へ❽。馬公要港部／馬公出港（船中泊）。

▼4月24日(火)：基隆入港、基隆要塞重砲大隊、基隆駅から台北駅へ。台湾総督府博物館、全島学校連合大運動会（圓山《まるやま》運動場）／御泊所（台湾総督官邸）。

▼4月25日(水)：草山《そうざん》、北投《ほくとう》温泉／御泊所（台湾総督官邸）。

▼4月26日(木)：台湾歩兵第一聯隊、専売局、台北第一高等女学校、武徳殿、台北第三高等女学校、台湾体育協会陸上競技大会（圓山運動場）／御泊所（台湾総督官邸）。

▼4月27日(金)：台北駅から基隆駅へ／基隆港から「金剛」に乗艦出港❾。

■記念切手・絵葉書の発行と特印の使用

皇太子が基隆に上陸した4月16日、皇太子の台湾訪問を記念する郵便切手2種（1銭5厘と3銭・図1）と記念絵葉書3種（売価20銭・図2）が、台湾の郵便局（179局）で発売されました。

この記念切手を郵趣家は「台湾行啓」と呼んでいます。日本国内でも使用ができましたが、外国郵便には使うことができませんでした。図案は新高山《にいたかやま》です。記念絵葉書は、皇太子の肖像と皇太子旗、台湾図、お召し艦金剛の図案、新高山を描いたもの、台湾のいかだ式帆船を描くものの3種です。

記念絵葉書はこの他にお召し艦金剛が発行した2種（非売品・図3）があります。また特印（特殊通信日付印）も使用されました。特印とは、記念切手の発行時や全国的な記念行事の際に使用される正規の郵便印で、記念スタンプのように自由に押せるものではありません。4月16日と27日は台湾全土の郵便局で、17日から26日までの期間は、行啓地付近の郵便局に

図1　皇太子台湾訪問記念切手

▶図案は新高山。

切手発行初日の4月16日は台湾全土で特印が押印され、皇太子が台湾を離れた4月27日まで特印が使用された。

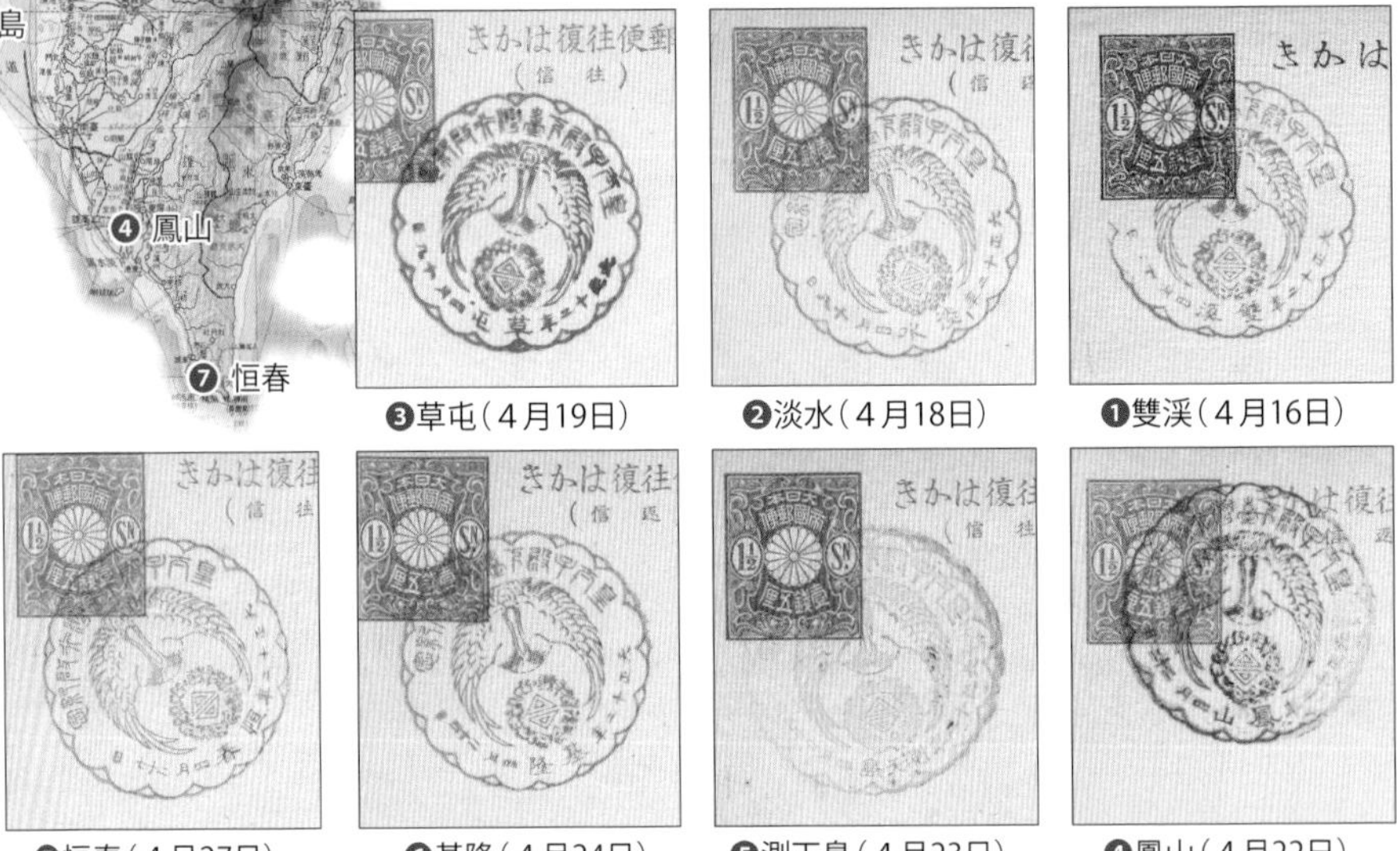

図4　特印から皇太子の行動を知る

❶雙渓（4月16日）　❷淡水（4月18日）　❸草屯（4月19日）

❹鳳山（4月22日）　❺測天島（4月23日）　❻基隆（4月24日）　❼恒春（4月27日）

限り押すことができたと言われています。印色は青緑色で、これは特印の印色としては珍しいものです。

行啓地付近に限定ということから、特印を日付印順で並べると、皇太子の行動と重ねることができます（図4）。図5は大正13年（1924）に角板山局で引受けられた台湾行啓3銭切手の使用例です。

図2　皇太子台湾訪問記念絵葉書

皇太子、皇太子旗とお召し艦金剛。台湾訪問切手1銭5里に特印押印。

新高山の油絵

帆船の浮かぶ海上風景

図3　お召し艦金剛による記念絵葉書

2種のうちの1種。皇太子とお召し艦金剛。台湾行啓切手3銭に特印押印。

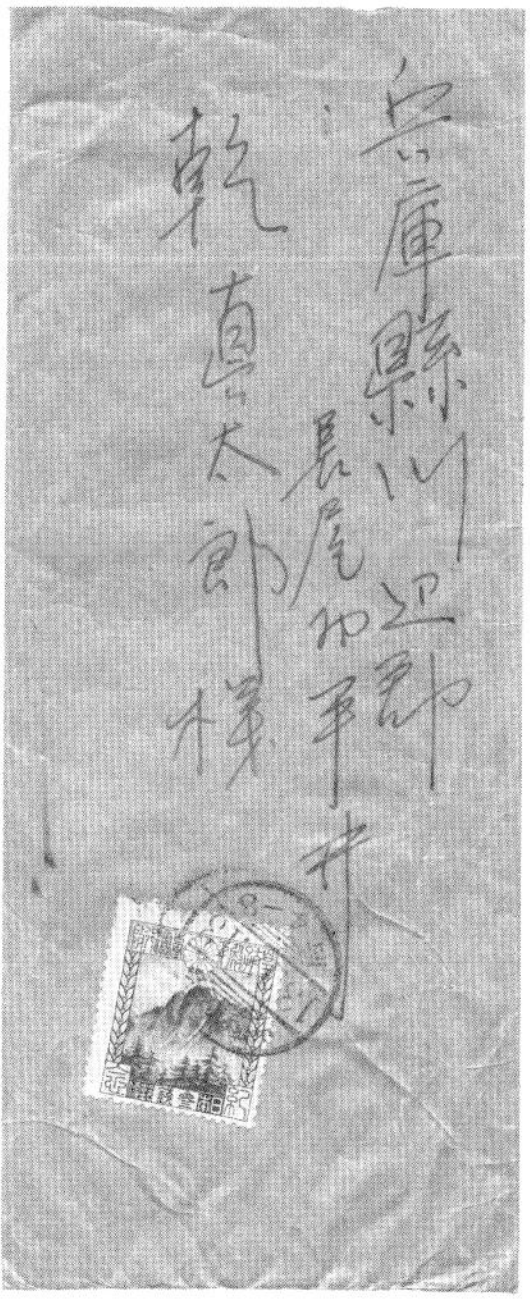

図5　台湾行啓切手の使用例

大正13年12月13日、角板山局の引受。角板山は現在の桃園市復興区にあたり、住民の多くがタイヤル族。

に選んだのが台湾の三ヵ所の国立公園で、昭和16年（1941）３月10日に発行しています。

国立公園切手は４種の異なるデザインと料金額面で発売されることなっていました。大屯と新高阿里山国立公園を組み合わせたものは大屯山《だいとんざん》（２銭）、新高山《にいたかやま》主山（４銭）、観音山凌雲寺（10銭）、新高山山頂の展望（20銭）。次高タロコ国立公園では東海岸清水断崖（２銭）、次高山《つぎたかやま》（４銭）、太魯閣《タロコ》渓谷（10銭）、立霧渓《たっきりけい》（20銭）という内容です。２銭は国内葉書料金、４銭は国内封書料金、10銭は国外葉書料金、20銭は国外封書料金に相当します。また４種を組み合わせた小型シートも発行されました。発売は東京中央郵便局と台湾島内の27局です。

▼台湾島内発売局：

台北、台北駅内、基隆、基隆波止場、新竹、淡水、北投、草山、台中、嘉義、東勢、集集、水裡抗、魚池、埔里、霧社、阿里山、新高山、台南、高雄、花蓮港、台東、蘇澳、新城、玉里、関山、吉野

国立公園切手に地元の発売局の消印が押された使用例は郵趣家に人気が高く、「ご当地消し」と呼ばれています。台湾の国立公園切手の場合、東京以外は台湾島内の発売なので、それなりの数が残っていますが、台北、基隆、台南、高雄などの大きな郵便局以外は稀少です。国立公園切手の収集家として知られる池田駿介氏の調査によれば、27局のうち、台北駅内、基隆波止場、新高山、関山、吉野の消印の押されたものはまだ見つかっていません。

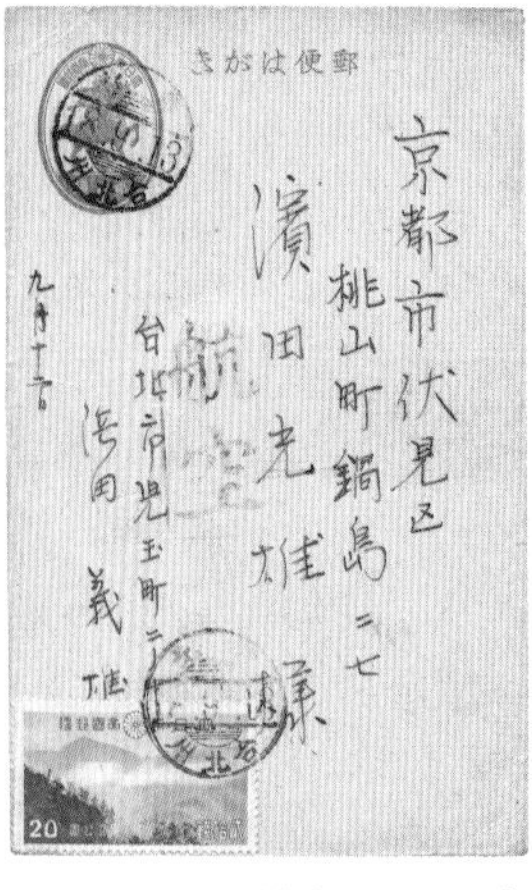

上・楠公２銭葉書にタロコ大山20銭切手加貼、台北から京都宛て。

右・次高タロコ４種貼付、台北からイギリス宛て。

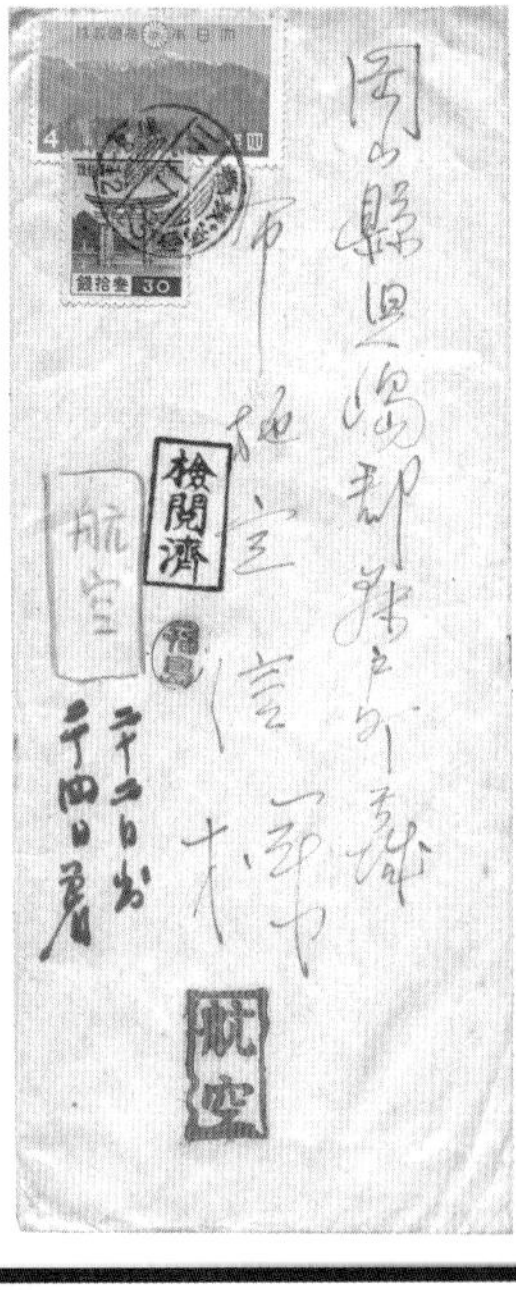

左・次高山４銭切手＋靖国神社30銭貼付、台湾・板橋から岡山宛て。

コラム

国立公園切手のご当地消し

日本統治時代の台湾には３つの国立公園がありました。日本で国立公園法が施行されたのは昭和６年（1931）10月１日で、昭和９年（1934）３月16日に瀬戸内海国立公園、雲仙国立公園、霧島国立公園が指定されたのをはじめとして、昭和11年（1936）までに十二ヵ所が指定されました。

観光産業への経済効果が期待できるとして、台湾においても国立公園誘致の機運が高まり、「阿里山国立公園協会」（昭和６年）、「東台湾勝地宣伝協会」（昭和７年）、「大屯国立公園協会」（昭和９年）が設立されます。台湾総督府もその動きに呼応し、昭和10年（1935）、内務局土木課内に「台湾国立公園協会」を設置、台湾国立公園法を公布。内務省嘱託の田村剛、拓務省管理局長萩原彦三、陸軍政務次官岡部長景の３人と、台湾側の23人からなる台湾国立公園委員会で公園指定地の選考を開始し、昭和12年（1937）12月に大屯、次高タロコ、新高阿里山の三ヵ所が国立公園に指定されました。

逓信省では日本国内に国立公園が設置されたこと受けて、国立公園を主題とする郵便切手の発行を計画、富士箱根（昭和11年７月10日）を皮切りに、日光（昭和13年12月25日）、大山・瀬戸内海（昭和14年４月20日）、阿蘇（昭和14年８月15日）、大雪山（昭和15年４月20日）、霧島（昭和15年８月21日）と発行を続け、次の題材

大屯・新高・阿里山国立公園切手

大屯山

新高山主山

観音山凌雲禅寺

新高山山頂の展望

次高タロコ国立公園切手

東海岸清水断崖

次高山

タロコ峡深水温泉

タロコ大山（立霧渓上流）

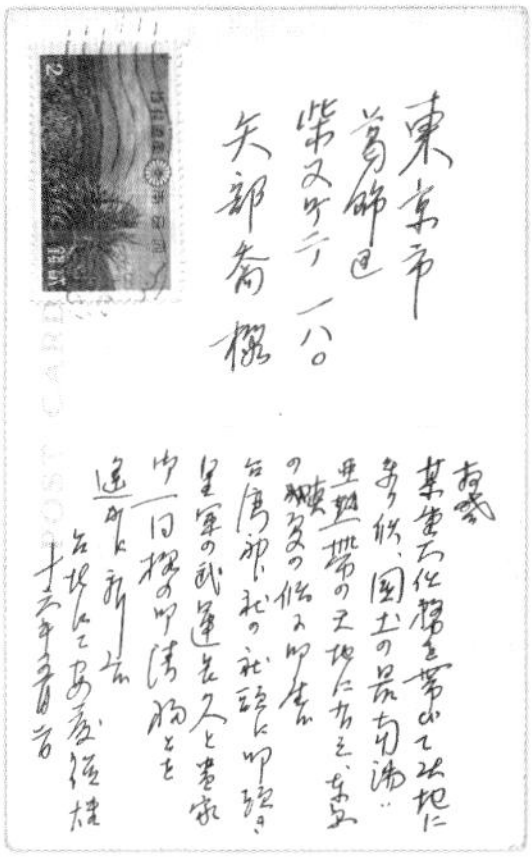

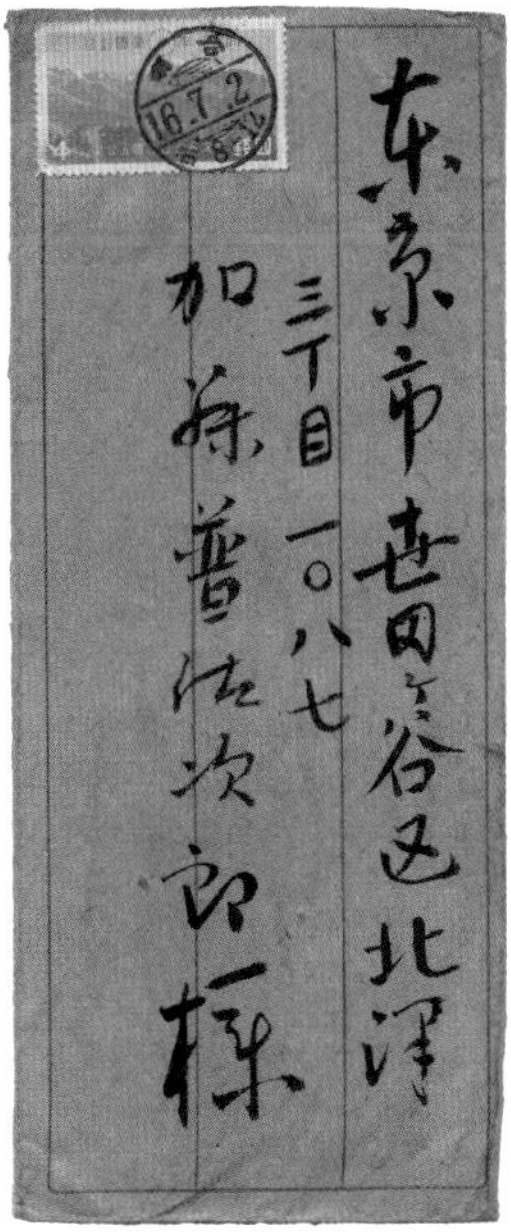

国立公園切手のご当地消し

上・大屯山２銭切手貼付、台中から東京宛て。

右・次高山４銭切手貼付、台南から東京宛て。

日本一の高山は台湾の新高山《にいたかやま》

上・新高五峯のひとつ新高西山から見た新高主山。
左・新高山切手４銭と東照宮陽明門10銭、富士と桜20銭貼付の航空便。基隆から神戸宛てのご当地消し。
下・「改訂 帝国新地図」（昭和13年刊）より、主要山岳比較。内地だけでなく、樺太、台湾、朝鮮の山岳も比較の対象となっており、日本一の高峰は台湾の新高山3,950m、二番目も台湾の次高山3,931mとなっている。

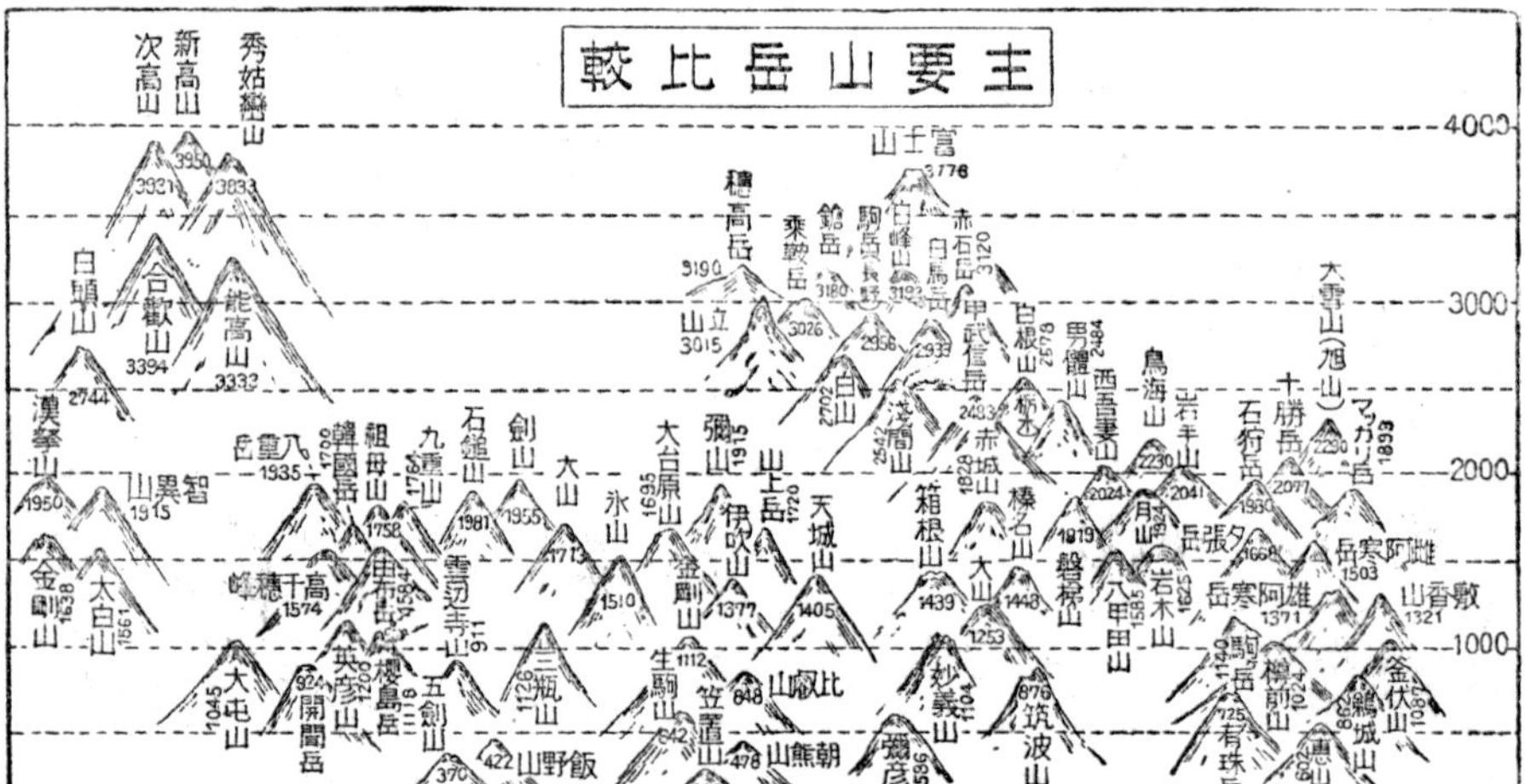

第十一章　航空網の発展

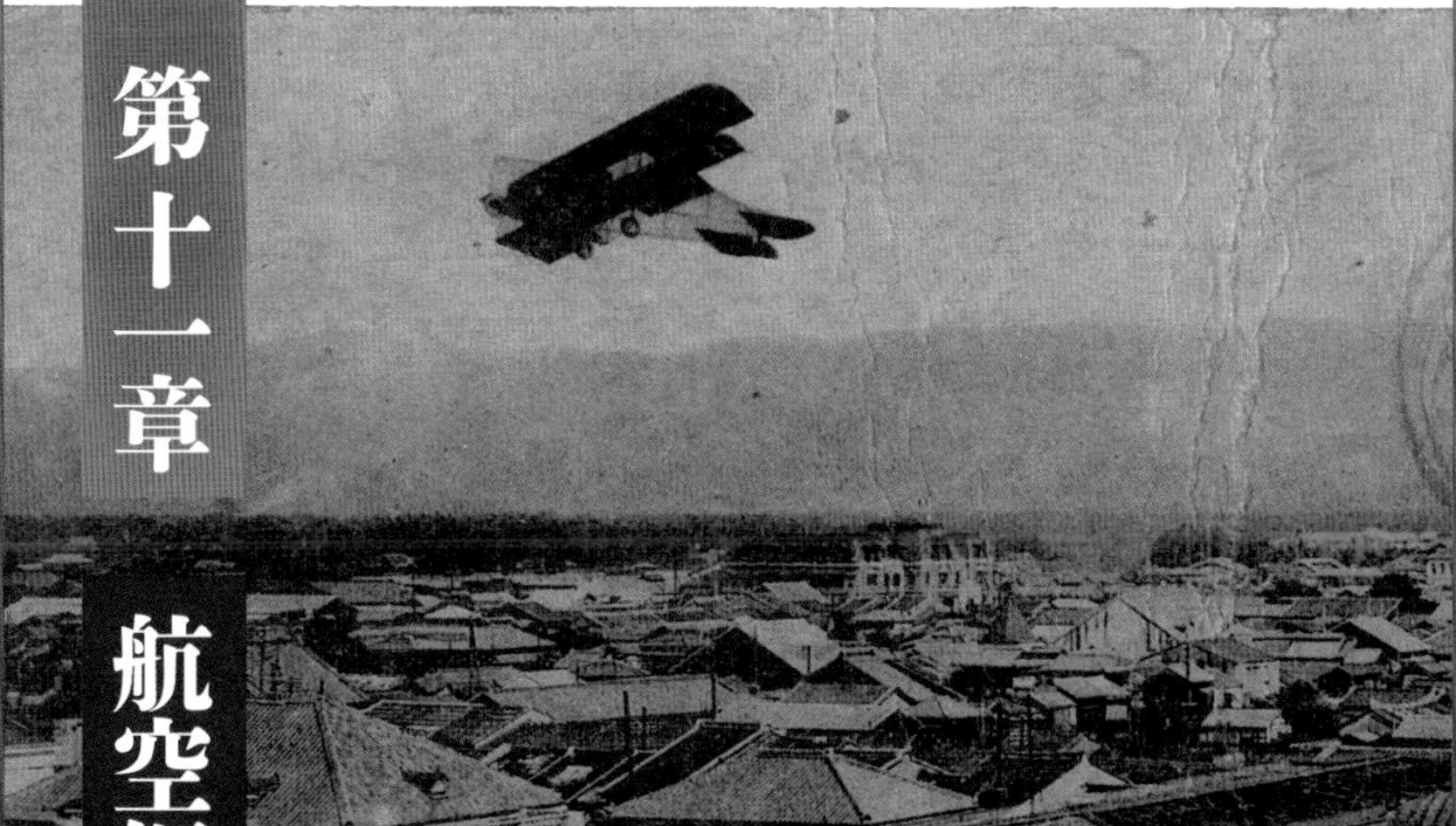

台湾における航空機の初飛行。大正３年（1914）３月、飛行家・野島銀蔵がカーチス複葉機「早鷹号」に搭乗し、台湾各地で公開飛行を行った。

台湾の空を航空機が初めて飛んだのは大正3年のことでした。
それから約30年の日本統治時代の台湾における航空網の発展は、目覚ましいものでした。

内地と台湾を結ぶ航空路の開設

■民間人飛行家の公開飛行と警察飛行班の設置

大正3年（1914）3月、台湾の官民有志の招聘によって、アメリカ帰りの民間人飛行家、野島銀蔵がカーチス式複葉機「早鷹号」で、台北、台中、台南、嘉義の各地で公開飛行を行いました。これが台湾の空を航空機が飛んだ第一号です。その翌年9月には、高左右《たかそう》隆之が自作の飛行機で公開飛行を行っています。大正6年（1917）6月には、アメリカの曲芸飛行家アート・スミスが来台、宙返り、木の葉落としなどを披露して大きな話題になりました。

このスミスのパフォーマンスに刺激を受けて、飛行家を目指したのが謝文達《しゃぶんたつ》で、日本で飛行術を学び、大正9年（1920）10月、台中で公開飛行を行い、台湾人飛行士第一号となっています。その後、社会活動家や中華民国の軍人となった謝の波乱万丈の生涯は、2019年に「尋找1920」として映画化されています。

大正6年7月、所沢の陸軍航空大隊が、台湾の特殊気温下における気流の調査研究のために台湾にわたり、あわせて各地で飛行披露をしました。この時、本島人や原住民を招待して見学をさせていますが、とくに原住民にとって飛行機の存在は驚愕するもので、恭順の意を表するものが続出したと言われています。理蕃事業に飛行機が効果的だと認識した台湾総督府は、大正9年（1920）4月1日、警務局に警察飛行班を設置しました。警察飛行班は蕃地偵察飛行や爆撃などを行いましたが、10月4日に爆撃飛行実施中に墜落し、操縦していた遠藤一郎警部が殉職しています。

大正13年（1924）8月22日には、台北屏東間の郵便輸送を試行、三機が雁行で出発、2時間6分ないし2時間24分で屏東に着陸しています。これが台湾での郵便の航空輸送の始まりとなりました。引き受けられた郵便物は1510通でした。

■内台定期航空路の開設

昭和に入ると、内地と台湾を結ぶ航空路の開設が急がれ、台湾総督府は日本航空輸送株式会社に命じて、昭和6年（1931）10月、陸上機と水上機による内台連絡飛行試験を実施しました。陸上機「ヒバリ号」（フォッカー式F7B型3M機／乗員2人旅客8人乗り）は4日、福岡県太刀洗《たちあらい》飛行場から台北に着陸、

図1　陸上機飛行試験搭載の封書

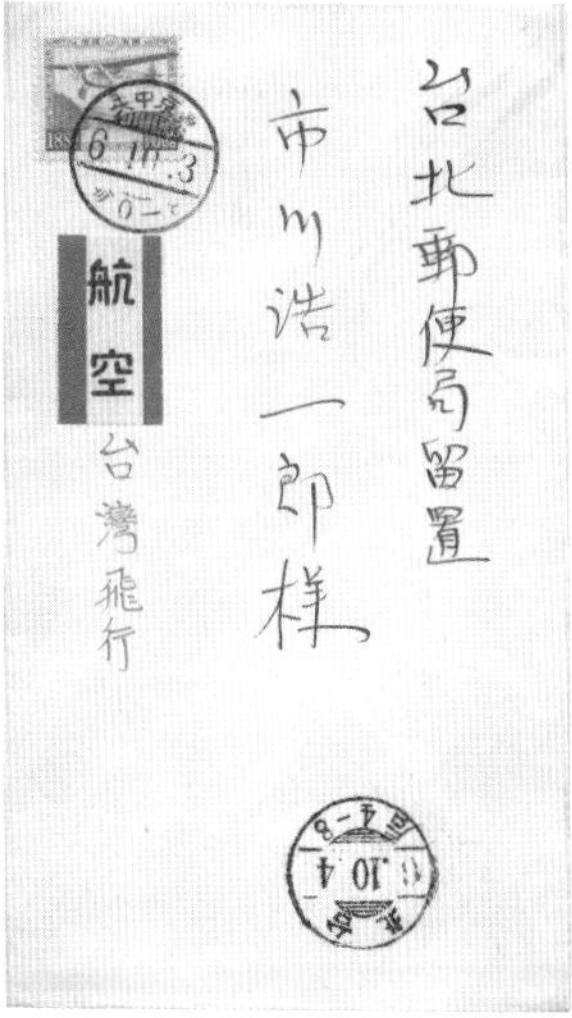

台湾飛行前日の10月３日の東京中央局で引受け、東京から福岡間も飛行機で運ばれている。

飛行時間は9時間20分でした。翌日の復航は10時間4分という記録が残っています。**図1**は陸上機の飛行試験に搭載された封書です。

水上機「シロハト号」（ドルニエワール飛行艇／乗員2人旅客8人乗り）は5日、福岡から淡水に着水、所用時間は9時間35分、9日の復航は12時間34分かかったと記録されています。**図2**は水上機に搭載された葉書です。有名な切手収集家の寺本義雄が作ったものです。**図3**は淡水からの復航便で運ばれた葉書です。「内地台湾間郵便試験飛行記念」の特印で引受けられています。搭載された郵便物は水陸往復合計3万1700通でした。

さらに昭和9年（1934）7月24日、内台間準備飛行として前回使用したフォッカー機「スズメ号」での太刀洗台北間往復飛行に成功し、内地と台湾を結ぶ航空路の開設に大きな足掛かりを得ることができました。搭載された郵便物は往航5792通、復航2万6871通と記録されています。**図4**は内台間準備飛行記念の特印で、7月28日に基隆局で引受られています。復航便の台北出発は7月30日でした。

2回のテストで定期航空路の開設に

図2　**水上機飛行試験搭載の葉書**

10月5日、博多局の機械印は引受郵便量の多さを裏付ける。博多湾の水上飛行場から離水。

図4　**内台間準備飛行記念の特印**

▲裏面

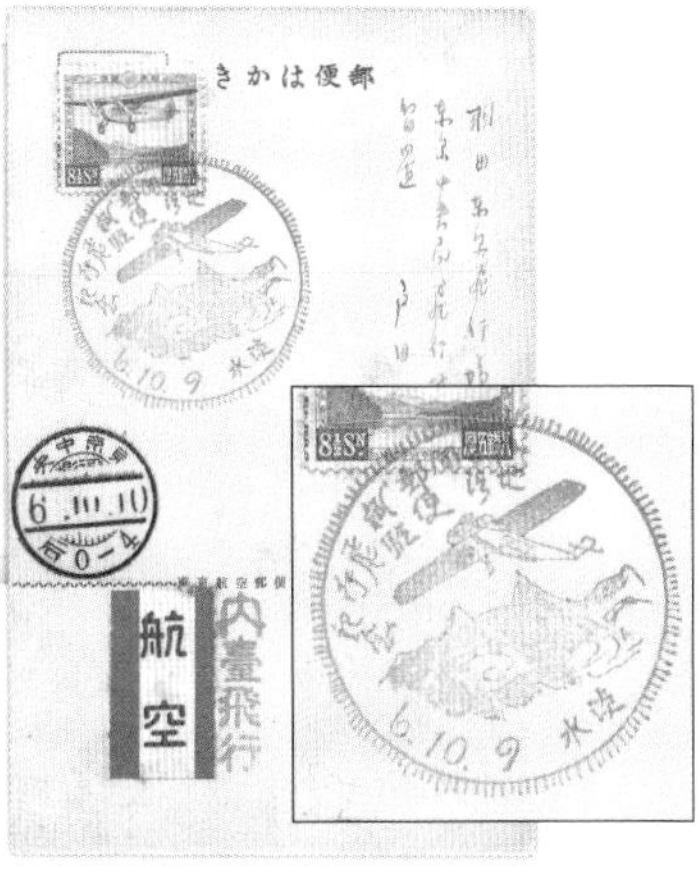

図3　水上機復航便搭載の葉書と特印

東京航空郵便協会発行の記念葉書に淡水局の特印で引受けられている。着印は東京中央郵便局飛行場分室（羽田）。

内台間航空郵便割増料金の変遷

施行日	書状	葉書	封緘葉書	備考(書状・葉書料金)
昭和10.10.8	15g毎 30銭	15銭	30銭	書状15ｇ毎３銭　葉書１銭５厘
昭和12.4.1	20g毎 30銭	15銭	30銭	書状20ｇ毎４銭　葉書２銭
昭和17.4.1	20g毎 50銭	20銭	40銭	書状20ｇ毎５銭　葉書２銭
昭和19.4.1	20g毎 １円	40銭	80銭	書状20ｇ毎７銭　葉書３銭
昭和20.4.1	20g毎 １円	40銭	80銭	書状20ｇ毎10銭　葉書５銭

自信をもった台湾総督府は、逓信省と日本航空輸送株式会社と協議の上、昭和10年（１９３５）10月8日から太刀洗ー那覇ー台北間一週一往復の定期郵便飛行を開始しました。第一便は「かりがね号」（フォッカー式F７B型３M機）でした。

この時、台湾では台湾総督府始政四十年記念博覧会が開催中で、日本航空輸送はフォッカー式スーパーユニバーサル型旅客機（乗員2人旅客6人乗り）で遊覧飛行を実施。会期中の遊覧飛行は３３１回、搭乗人員１７１７人だったと記録されています。

また11月19日には、「かりがね号」で対岸の中華民国福州への親善飛行が行われました。内台間での旅客輸送の開始は昭和11年（１９３６）１月２日からで、台北発の上り一便「かりがね号」は午前8時台北発、午後2時47分に那覇着、３日の午前6時50分那覇発、午後0時33分に太刀洗に着陸しました。太刀洗初の下り第一便は「しらさぎ号」で、２日午前7時、太刀洗発、午前11時48分那覇着、午後１時17分那覇発、午後5時15分に台北に到着しました。４月にはダグラスＤＣ２型「富士号」（乗員4人旅客14人乗り）が就航し、６時間弱で太刀洗台北が連絡できるようになりました。**図5**は台北から名古屋宛ての航空書留郵便で、内台間の書状航空料金は30銭でした。**図6**は台南州白河から大阪宛ての葉書で葉書航空料金は15銭でした。航空料金の変遷は上表のとおりです。

■台湾の島内定期航空路

昭和11年（１９３６）8月1日からは、日本航空輸送による島内定期航空路として、東線（台北ー宜蘭ー花蓮港）一週二往復、西線（台北ー台中ー高雄）一週三往復が開設、昭和12年（１９３７）6月1日に西線が台北台南間となり、高雄

ダグラスＤＣ２型「新高号」
日本航空輸送は、昭和11年（１９３６）以来、ダグラスＤＣ２型を就航させ、「富士」のほか、「霧島」「筑波」などの山名を付した計8機を保有した。左は昭和12年（１９３７）、台北航路に導入された「新高」。巡航速度は毎時２００キロ、旅客14名、乗務員４名が搭乗した。

図5　台北から名古屋宛ての航空書留便

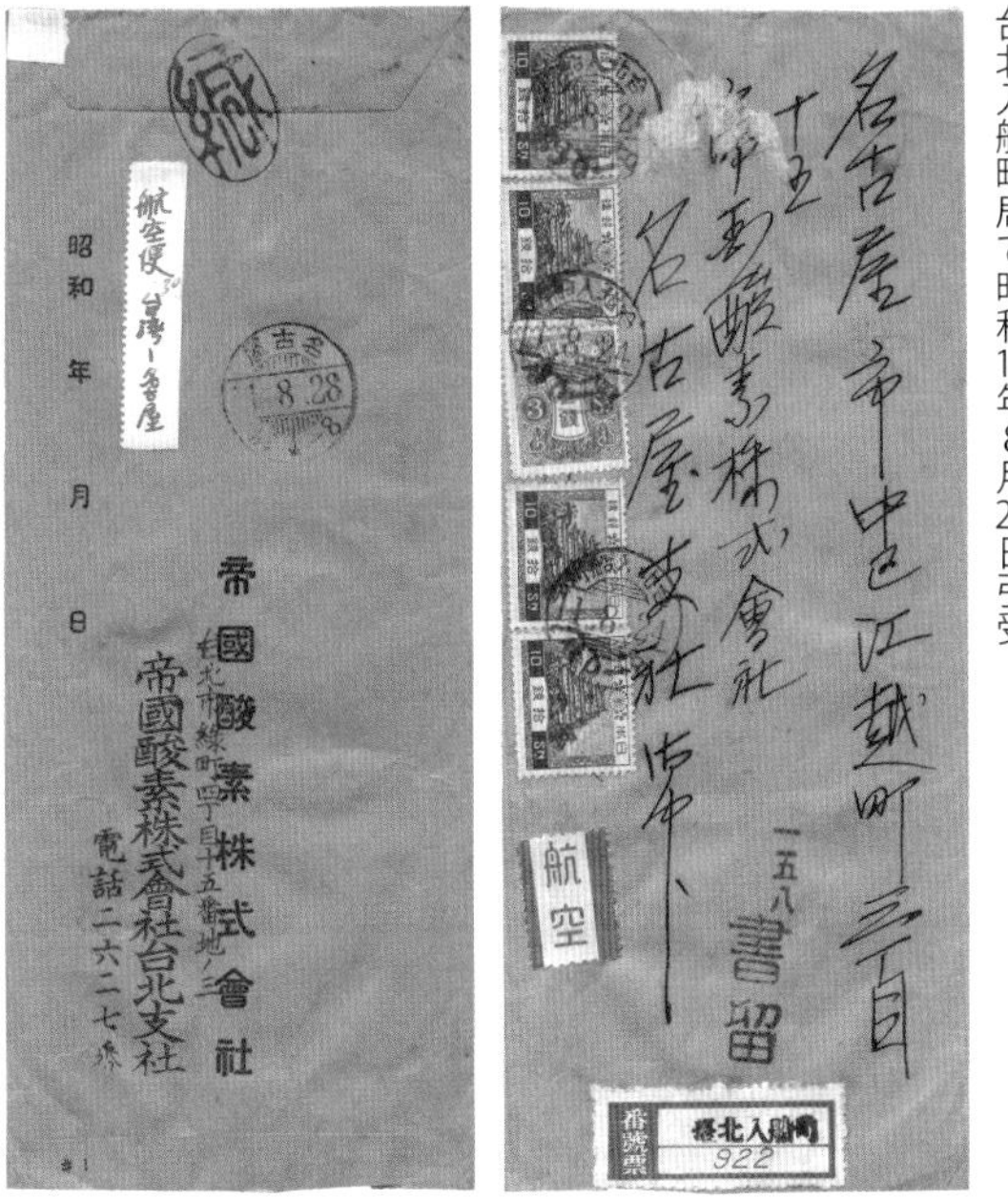

書状料金3銭、書留料金10銭、航空料金30銭。台北入船町局で昭和11年8月24日引受。

図6　台南州から大阪宛の航空便

葉書料金2銭、航空料金15銭。台南州新營郡の白河郵便局で昭和16年5月7日引受。

寄航は廃止されました。同年9月21日には台南馬公線も開かれました。昭和13年（1938）4月1日から台南－屏東－台東、台東－花蓮港の定期航空路が開設、島内循環が実現しました。

島内の航空料金の設定はなく、速達郵便のうち航空機での逓送が適しているルートの郵便物が、飛行機で運ばれました。内台間を結ぶ使用機もダグラスDC3型、三菱双発旅客機、エアスピードエンボイ機など新鋭機が導入されるようになり、所要時間、旅客数も増えていきました。

■太平洋戦争期の航空網

昭和13年（1938）11月28日には、日本航空輸送と国際航空株式会社が統合され、大日本航空株式会社となり、昭和14年（1939）5月には、日本の民間定期航空会社は大日本航空に一本化されました。太平洋戦争が始まると、昭和16年（1941）12月12日に大日本航空の営業航空便はすべて、軍用便または軍徴用便に変更され、台湾発着の一般郵便物の航空便取扱は停止されました。昭和17年（1942）の大日本航空の命令定期航空路のうち、台湾関係のものは次のとおりです。

▼東京台北線（東京－大阪－福岡－那覇－台北）毎日一往復

▼東京西貢盤谷線（東京－大阪－福岡－上海－台北－広東－河内－ツーラン－西貢－盤谷）二週一往復

▼台北盤谷線（台北－広東－海口－河内－ウードン－盤谷）毎週一往復

▼台北海口線（台北－広東－海口）毎日一往復

▼淡水盤谷線（淡水－海口－西貢－盤谷）二週一往復

▼パラオ淡水線（パラオ－淡水）二週一往復

▼台湾島内線（台北－宜蘭－花蓮港－台東）毎日一往復

▼台湾島内線（台北－台中－台南－高雄－

台東）毎日一往復
▼台湾島内線（台南－馬公）毎日一往復

その後、昭和18年（1943）5月17日から、台湾発着の航空郵便の取扱が再開されました。**図7**は、昭和18年11月に嘉義から京都宛ての封緘葉書で、航空料金は40銭でした。昭和19年4月1日、航空料金が値上げされました。**図8**は台南州土庫《とこ》から大阪に宛てて差し出された書状で、航空料金は1円となりました。この書状の宛先人は書かれた住所にいなかったようで、不明の判が押されています。そのことは大阪まで間違いなく運ばれたことを証明しています。

昭和19年（1944）年秋以降、船便による内台間の郵便が事実上途絶したあとも、航空便だけは終戦まで細々と継続されています。**図9**は、終戦直前の昭和20年7月21日に台中州后里《こうり》から東京に宛てて差し出された葉書で、葉書の航空料金は40銭でした。終戦後の9月23日入手との書き込みがあり、無事に届いたようですが、引受日から到着までどのように逓送されたのか興味深い葉書です。ただ一通の葉書でも、名宛人の元に必ず届けようと努力した郵便局員の使命感の高さを感じさせてくれます。

図7　嘉義から京都宛ての航空便

５銭封緘葉書に航空料金40銭。嘉義局で昭和18年11月２日引受。

図8　台南州から大阪宛ての航空便

書状料金7銭、書留料金20銭、航空料金１円。台南州虎尾郡土庫局で昭和20年３月22日引受。

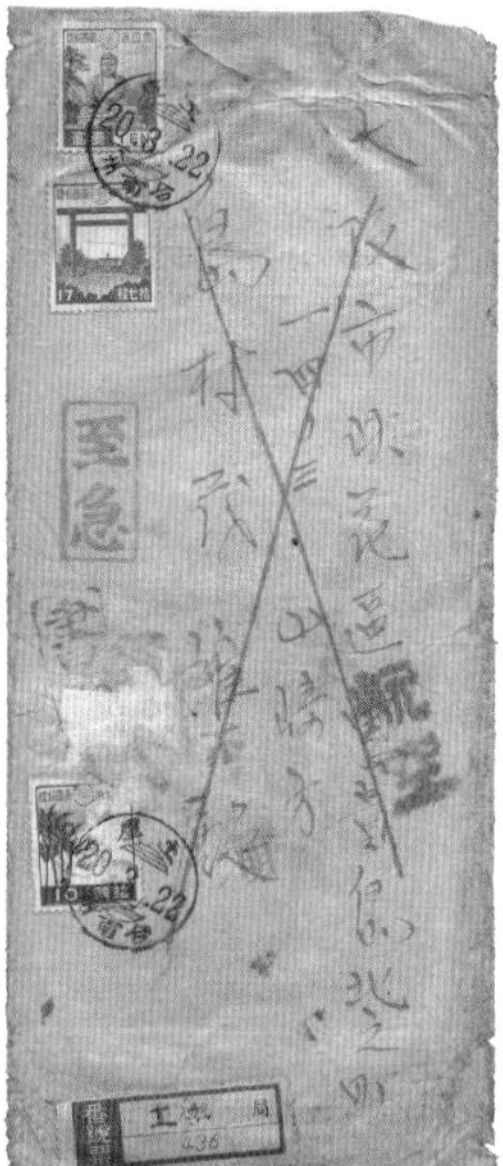

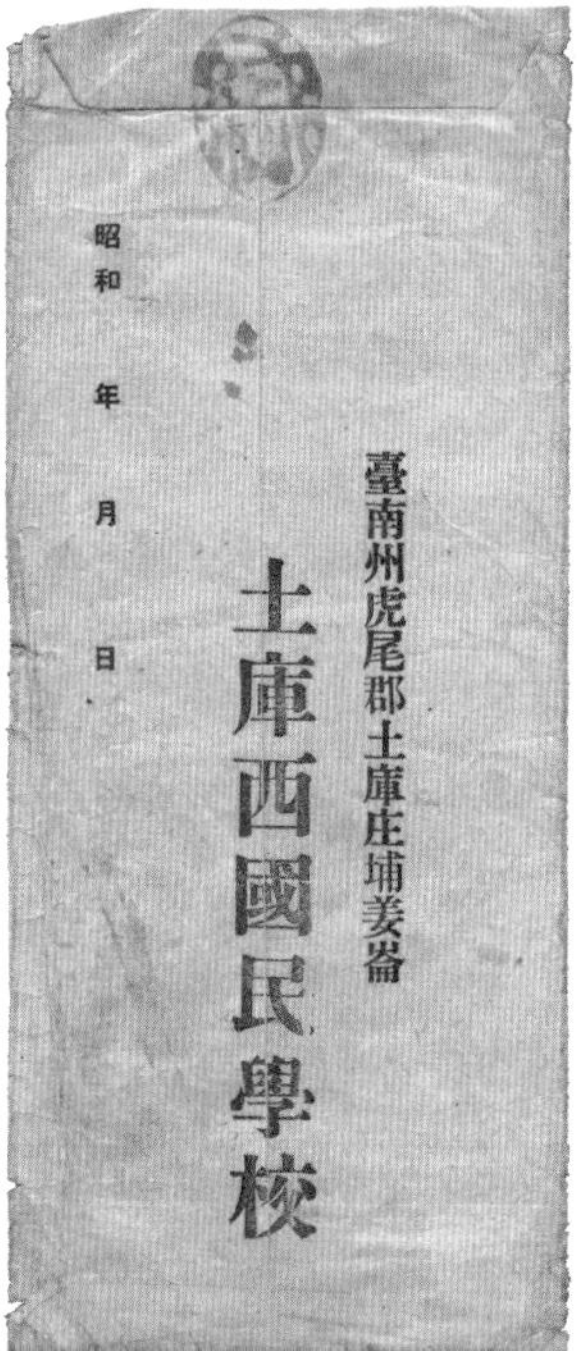

図9　台中州から東京宛ての航空便

楠公３銭葉書に２銭収納印付き、航空料金40銭。台中州后里局で昭和20年７月21日引受。

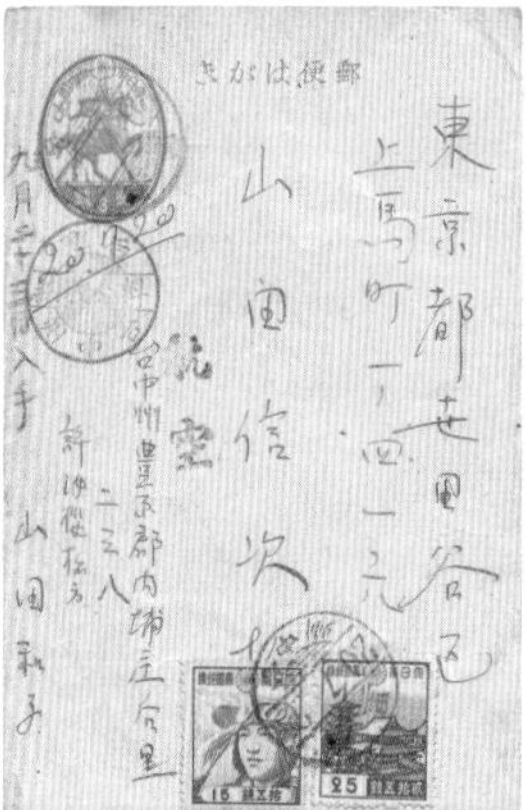

第十二章

皇民化運動と台湾人兵士の誕生

高砂族の若者

昭和12年、日中戦争がはじまると、
台湾人に対する皇民化運動が本格化、さらに戦況の進捗によって
特別志願兵制度が導入され、台湾人の皇軍兵士が誕生します。
また、原住民による高砂義勇隊が南方戦線などに送られました。

台湾における国民総動員

■小林総督による皇民化運動のスタート

昭和12年（1937）7月7日、中華民国北平（北京の当時の名称）郊外の盧溝橋で起きた日本軍と中国軍の衝突は、日中戦争に拡大しました。日本国内では戦時体制が進み、台湾も例外ではありませんでした。昭和11年（1936）9月2日、第17代台湾総督に就任した小林躋造《せいぞう》（**図1**）は予備役海軍大将で、明石元二郎以来の武官総督でした。小林総督の元で台湾人皇民化政策が推進されました。

昭和12年9月10日、台湾総督府は国民総動員本部を設立、9月27日には台湾人軍夫《ぐんぷ》が中国に送られました。軍夫とは、軍隊での雑役に従事する労働者で、正式な兵士ではありません。軍夫の募集には志願者が殺到したという当時の記事もありますが、証言記録によると役場の職員や駐在警察官などに説得された、とするのが実態に近いと思われます。

台北州が主導してはじまった「国語家庭」制度は、やがて全島に広がっていきました。国語家庭とは、台湾人の家族が日本語を常用している場合に認定され、小学校に入学が可能で中等学校以上にも優先的に入学ができました。公的機関への就職も有利でした。昭和17年（1942）4月の調査によると全台湾で9604戸、7万7679人が国語家庭と認定されています。一方、公学校では漢文の授業が廃止され、台湾日日新報の漢文欄も無くなりました。伝統的な寺廟の整理と神社の建立が進められ、各家庭には神棚の設置と神道式の祭祀が推奨（正庁改善運動）されました。

図1　小林躋造

昭和15年（1940）2月11日、台湾総督府は改姓名細則を公布し、本島人、高砂族（原住民）が日本式の姓名に改めること許可しました。改姓名にあたっては、戸長の申請による許可制で強制ではなく、昭和18年末の時点で日本式の改姓名の申請者は12万人程度に留まっています。**図2**は昭和16年の年賀状で、台

南の呉という家が、新たに後藤姓に改めたという挨拶状も兼ねているものです。

図2　改姓名の知らせ

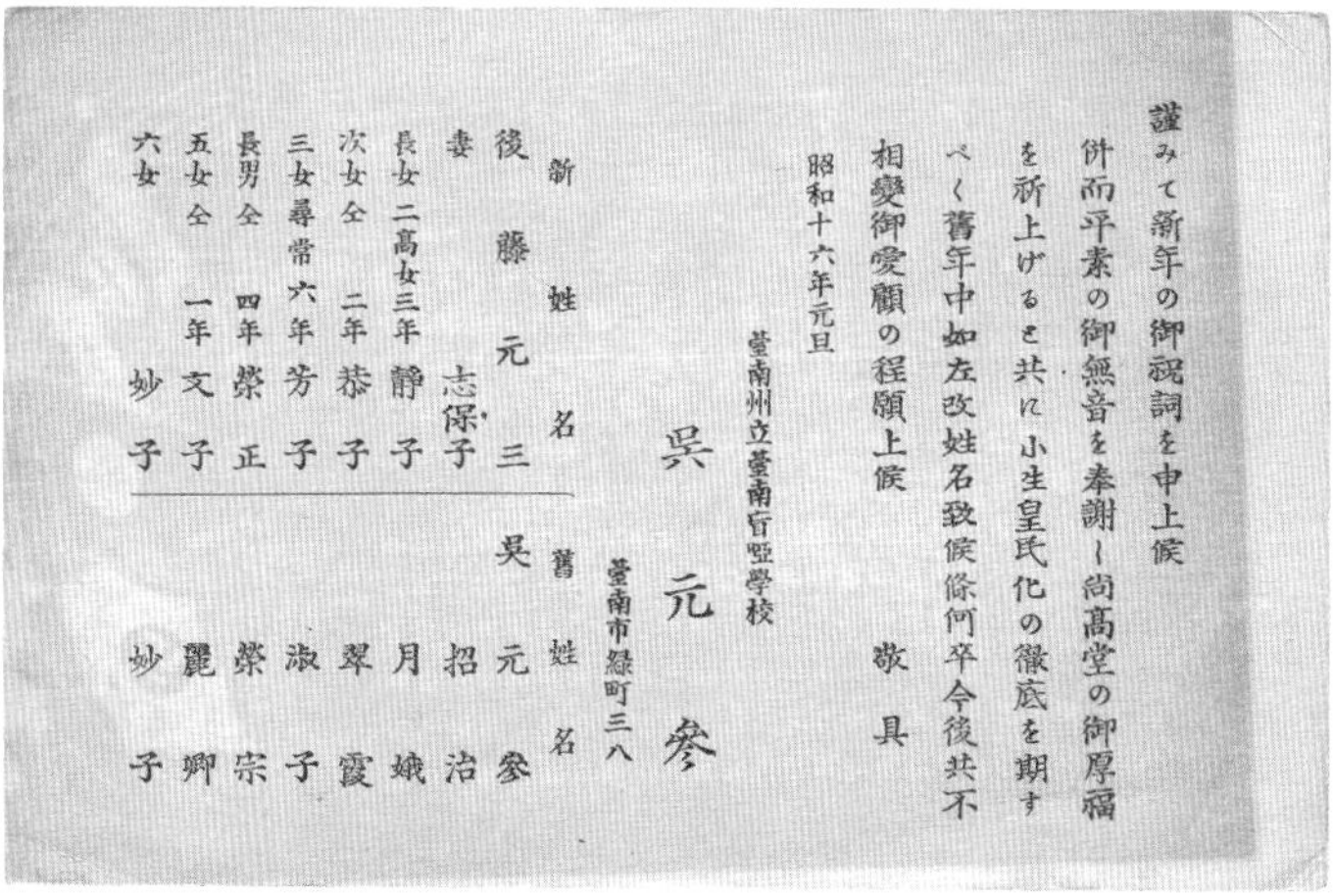
謹みて新年の御祝詞を申上候
併而平素の御無音を奉謝し尚高堂の御厚福を祈上げると共に小生皇民化の徹底を期すべく舊年中如左改姓名致候條何卒今後共不相變御愛顧の程願上候　敬具
昭和十六年元旦
臺南州立臺南盲啞學校
呉元參
臺南市緑町三ノ八

新姓名		舊姓名
	後藤元三	呉元參
妻	志保子	招治
長女 二高女三年	静子	月娥
次女 仝 二年	恭子	翠霞
三女 尋常六年	芳子	淑子
長男 仝 四年	榮正	榮宗
五女 仝 一年	文子	麗卿
六女	妙子	妙子

勤務先は台南州立台南盲唖学校（大正11年創立）とある。台湾の盲唖学校は他に台北にあった。

一方、高砂族《たかさご》の間では、従来からの警察官の指導もあり、日本式の姓名を使用することは珍しくない状況だったと思われますが、統計的な資料が少なく実態は不明です。高砂族という名称は、かつて蕃人あるいは生蕃と呼称された山地原住民のことで、昭和10年6月4日公布の戸口調査規定で生蕃を高砂族、漢人との同化が進んだ熟蕃を平埔《へいほ》族と改めたのが最初で、同年10月10日から始まった始政四十年記念博覧会の展示を通して、広く知られるようになりました。

戦後、中華民国政府は高砂族を高山《ガオシャン》族《ズー》や山地同胞《シャンディトンバオ》（山胞）と呼称するようになりましたが、1984年12月、台湾原住民権利促進会が設立され、原住民という言葉が登場し、呼称も改正するように働きかけをして、1994年の中華民国憲法改正で原住民という名称に改められました。またかつて9族とされていた部族数も、2018年には16族まで認定さています。

■長谷川総督による皇民化運動推進

昭和15年（1940）11月27日、現役の海軍大将長谷川清（図3）が第18代台湾総督に就任しました。翌年4月19日、長谷川総督を総裁とする皇民奉公会が発足しています。台湾の青年男女を訓練し、産業奉公を展開し、後方を固め、前線の戦争と呼応することを任務とし、戦意高揚、決戦生活の実践、勤労態勢の強化、民防衛の完遂、健民運動の推進などを行い、外郭団体も含め実質的に全島民（内地人、本島人、高砂族）が会員に組み込まれました。

昭和17年度（1942）から陸軍特別志願兵制度が実施され、本島人、高砂族の区別なく、満17歳以上の志願者が兵士として、陸軍に入隊することが可能

図3　長谷川清

になりました。昭和17年度は1000名余が採用され、半数が前期生として4月に新竹州湖口《ここう》の訓練所に入所、訓練修了者は現役兵となり、残り半数は後期生として10月に入所、修了者は第一補充兵となりました。昭和18年度は1000余名、昭和19年度は2200余名が採用されました。

この他、高砂族のみの志願兵が昭和18年度に500余名、昭和19年度に800余名が採用されています。一方、海軍特別志願兵制度は昭和18年（1943）8月1日に発足し、第一期生1000名が10月に訓練所に入所、第二期生2000名が翌年4月に訓練所に入所し、修了者は海兵団に入団しました。その後は直接、海兵団に入団するように改正され、海軍特別志願兵となった人数は1万1000名以上にのぼります。

図4　安藤利吉

さらに最後の台湾総督であり、第十方面軍軍司令官の安藤利吉大将（**図4**）の時代に入った昭和20年（1945）1月には、台湾にも徴兵制度が施行され、同時に特別志願兵制度は廃止されました。この検査で2万2680人が合格し、ほとんどが現役兵として入営しました。

図5はニューギニアに派遣された特別志願兵と思われる陳文貴《ちんぶんき》の軍事郵便為替振出請求書です。第二四四野戦郵便所（ホーランジア）で昭和19年（1944）3月17日に受付られ、新竹局で5月9日に払渡しされていることがわかります。差出部隊名は猛第二六八九部隊とあります。猛は第十八軍を示す文字符、第二六八九部隊は第二七野戦貨物廠です。野戦貨物廠は兵器、弾薬以外の物資の補給を担当していま

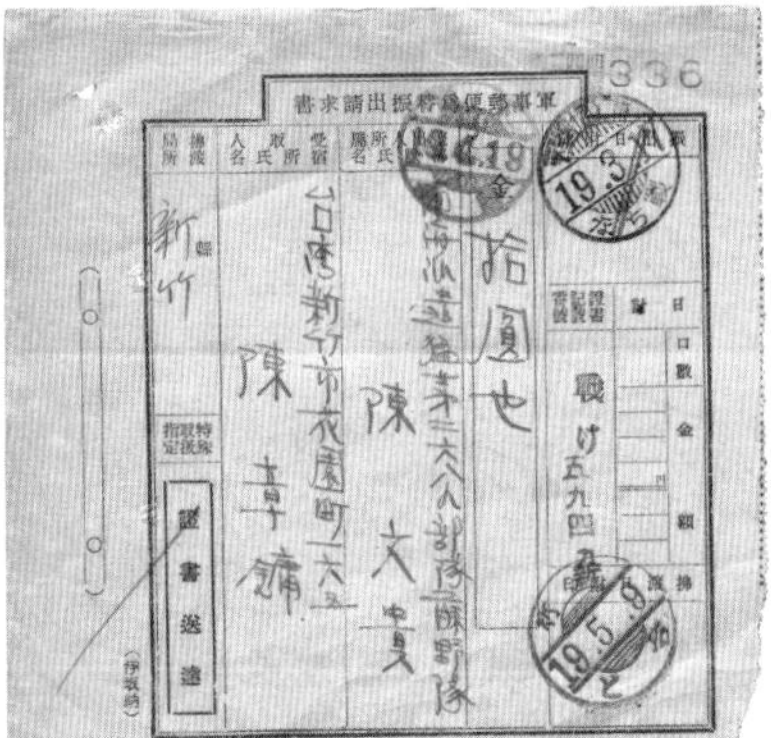

図5　特別志願兵の軍事郵便為替振出請求書
ニューギニアの第二七野戦貨物廠に配属された台湾人兵士から家族に宛てて振り出されている。

図6　特別志願兵宛ての葉書
フィリピンの陸軍船舶部隊に配属された台湾人兵士宛に差し出された葉書。

した。

図6は昭和19年（1944）8月に、屏東郡里港《りこう》から比島派遣暁第二九四四部隊松山部隊安田部隊気付佐野隊の黄阿番《こうかばん》に差し出された葉書です。二九四四部隊はマニラにあった第三船舶輸送司令部（司令官稲田正純少将）で、松山部隊はその隷下の第五野戦船舶廠（廠長松山初之大佐）です。以下は不明ですが、気付という表記から、第五野戦船舶廠の隷下部隊に配属された特別志願兵だと推定できます。

図7は終戦少し前の昭和20年（1945）の軍事郵便為替振出請求書です。第二十八軍事郵便所（高雄州旗山）で5月6日に受付られ、新竹局で6月7日に払渡しされました。この頃は沖縄で激戦が続いている時期で、台湾でも男性の根こそぎ動員が続いていました。台湾第一七七七部隊は特設建築勤務第百五中隊です。このころ特設を冠する部隊がたくさん編成されましたが、一般人を軍隊として組織化するためのもので、軍人としての訓練は不十分なままでした。差出人の李丁辰《りていしん》は建築関係の職人だった可能性が高いと思われます。

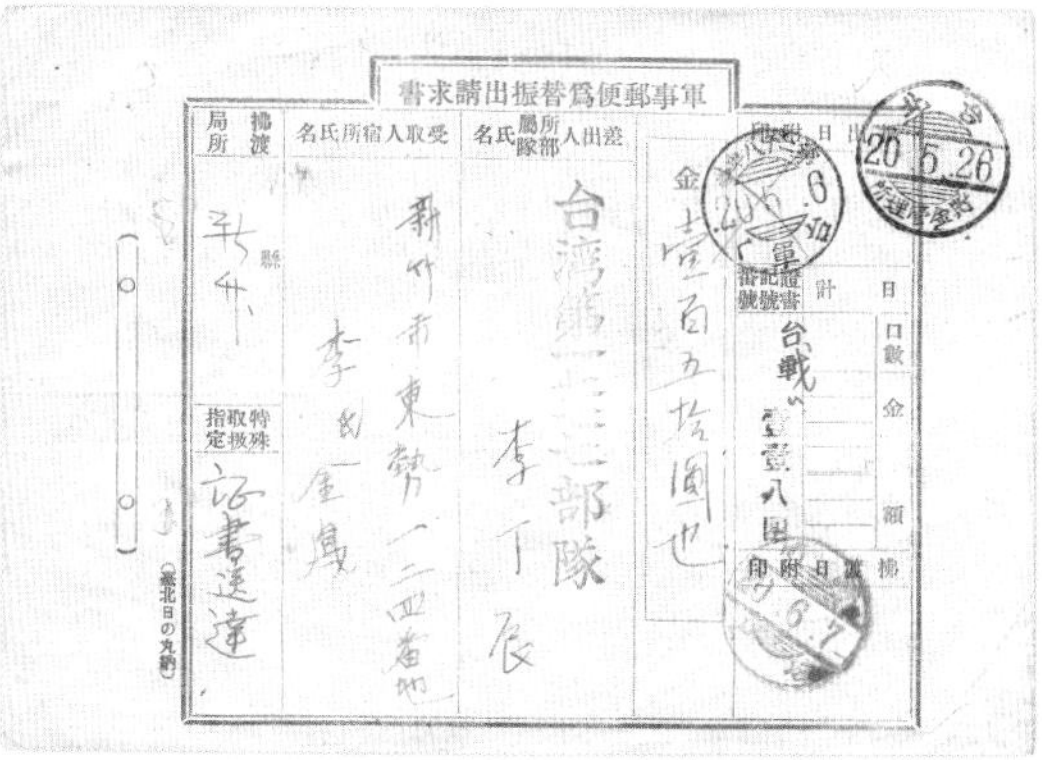

図7　動員兵士の軍事郵便為替振出請求書
終戦間際には徴兵制が施行され、多くの台湾人が兵士として動員された。特設建築勤務第百五中隊の兵士の振出請求書。

■高砂義勇隊の活躍

当時、高砂族と呼称された台湾原住民による太平洋戦争への貢献といえば、高砂義勇隊を語らなければなりません。昭和17年（1942）3月23日、高砂挺身報国隊500名は高雄港を出港、フィリピンのルソン島に上陸、バターン半島制圧戦、コレヒドール要塞攻略戦に参加しました。高砂挺身報国隊は軍人ではなく軍夫（軍属）の身分で、隊員を率いた幹部は台湾総督府の警察官でした。文献によって記述が異なりますが、大隊長が小野壽夫警務局理蕃課警部、第二中隊長が屋敷光盛警部補（第一中隊長不明）だったようです。

本来は軍夫として糧秣《りょうまつ》や弾薬の輸送をするのが任務ですが、日本軍の先鋒としてジャングルを切り開いたり、コレヒドール要塞戦では島の絶壁をよじ登って梯子をかけたりという活躍を見せました。この功績を受け、フィリピン攻略にあたった第十四軍司令官本間雅晴中将（前台湾軍軍司令官）は、高砂義勇隊という名称を付けました。また本間の後を受け、8月15日に第十四

軍軍司令官に就任した田中静壱《しずいち》中将は、9月27日付けで賞状を送りました。この部隊が第一回高砂義勇隊です。高雄州出身の約100名を除き、残りの隊員は台湾に帰還し、各蕃社に戻った高砂族の青年たちは英雄視され、その後に徴募された高砂義勇隊の志願熱につながったといわれています。

高雄州出身者は独立工兵第十五聯隊（聯隊長横山与助大佐）に配属され、6月にニューギニアに上陸、道路構築や補給輸送に任じ、その功績に対し、昭和18年（1943）5月15日、第八方面軍軍司令官今村均大将は高砂義勇隊に賞詞を送っています。

高砂義勇隊はその後、昭和19年（1944）7月出発の第7回まで4000人弱が南方戦線に送られました。配属された部隊は1、3、5、7回が陸軍、2、4、6回が海軍でした。このうち、第5回高砂義勇隊は隊員名簿が残っており、復員者300名（日本人9人含む）で、高砂族青年291人のうち日本式の姓名ではなく、民族名で掲載されいるのが8人、戦没者316名（日本人6人）のうち、民族名で掲載されているのは10人です。このほか、昭和20年（1945）に募集された600人は台湾に留まったまま終戦を迎えています。

図8はニューギニアからの軍事郵便為替振出請求書です。部隊の肩書は横須賀郵便局気付ウ壱弐壱ウ壱六五　三野隊　島田誠一とあります。受取人の住所が新竹郡蕃地マブトク社とあるので、高砂義勇隊の隊員である可能性が高いと思われます。裏面に第十四海軍軍用郵便所の昭和19年（1944）2月24日の受付印が押されています。第十四海軍軍用郵便所は東部ニューギニアのウエワクにありました。ウ○○という表記は海軍が使用した郵便用区別符です。カタカナのウ、テ、イ、セと数字番号の組み合わせで所在地と部隊名を示します。ウ壱弐壱はマダンを、ウ壱六五は第七根拠地隊を示します。マダンはウエワクの東側にありました。

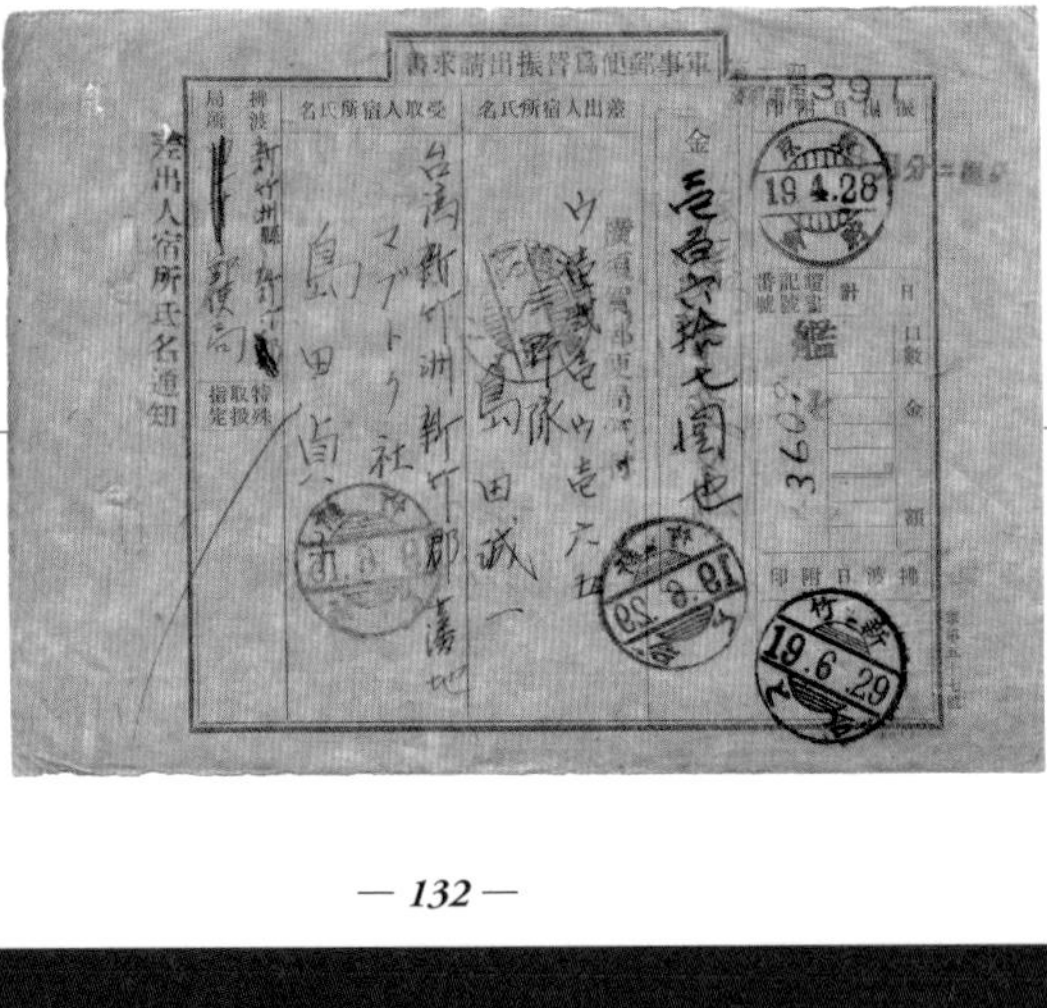

図8　高砂義勇隊隊員の軍事郵便為替振出請求書

東部ニューギニアに派遣された高砂義勇隊隊員の振出で、ウエワクで2月24日受付、東京での処理が4月28日、新竹での払出は6月29日。

▲裏面の日付印

高砂族の志願兵と高砂義勇隊

上・翌年度（1942年度）の陸軍特別志願兵制度に備えて、錬磨に余念のない高砂族の志願者たち。下・高砂義勇兵の薫空挺隊。手にするのは蕃刀。

写真提供：毎日新聞社

といっても東京と名古屋ぐらいの距離にあたります。

海軍の郵便用区別符の資料によれば、高砂第一義勇中隊がウ三二二三、第二義勇中隊がウ三〇九と記録されています。おそらくニューギニアの海軍陸戦隊に配属された部隊だと思います。また陸軍の通称号では、第一高砂遊撃隊が台第一二八三一部隊、第二高砂遊撃隊は台第一二八三二部隊です。陸軍の場合は文字符が台ですので、台湾に配置された部隊です。

海軍も陸軍も、これらの番号が記載された郵便物は、私の知る限りまだ発表されていません。高砂義勇隊（軍属）のものなのか、特別志願兵または徴兵された軍人のものなのかも資料が乏しく、はっきりと断定はできません。

厚生省が戦後まとめた資料によれば、台湾籍の元軍人軍属の総数は陸軍が約13万3000人、海軍が約7万4000人で、配属先は台湾が約9万3000人と圧倒的に多く、次いで南方が約6万2000人となっています。戦死者は陸軍が約1万2000人、海軍が約1万2000人です。戦死者は靖国神社に合祀されました。

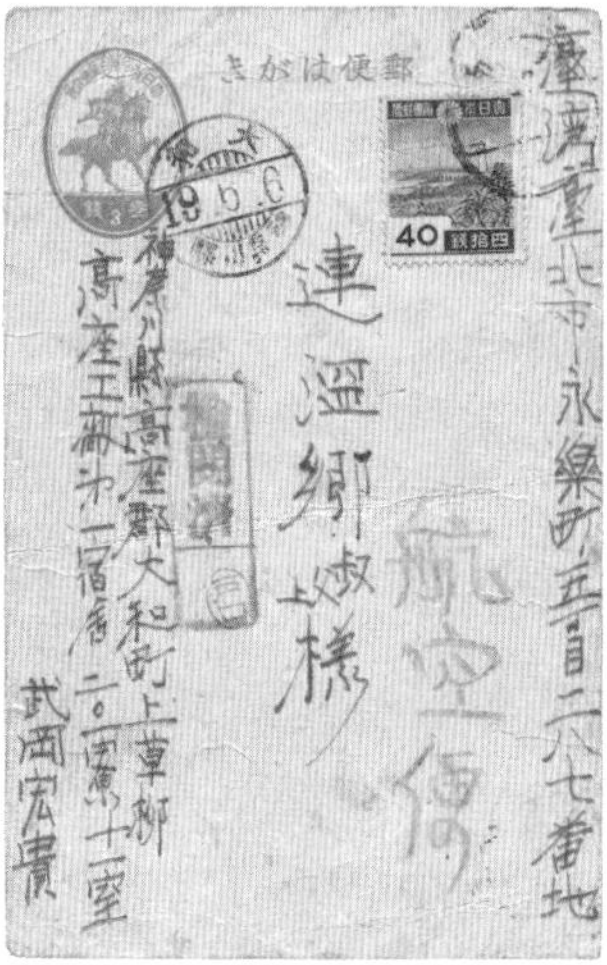

高座海軍工廠時代の葉書
昭和19年6月6日、大和局引受。楠公葉書3銭に航空料金として昭和切手40銭（鵞鑾鼻灯台）貼り。

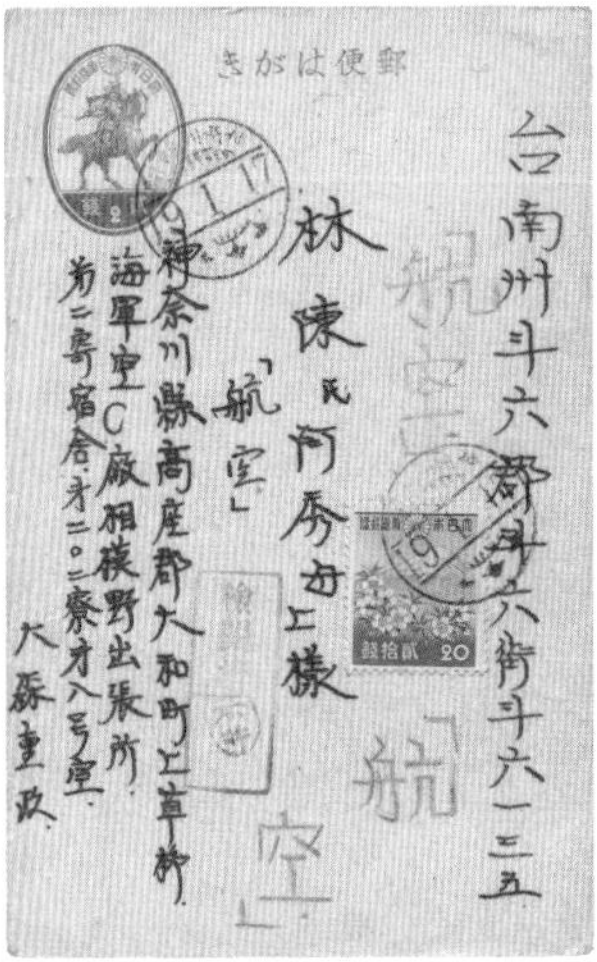

空C廠時代の葉書
昭和19年1月17日、神奈川・鶴間局引受。楠公葉書2銭に航空料金として昭和切手20銭（富士と桜）貼り。

てられることになり、平成９年（1997）に完成しました。

平成15年（2003）５月８日には留日60周年記念大会が開催され、海軍工員養成所の修了証書の授与式が行われました。平成25年（2013）には70周年記念大会、平成30年（2018）には75周年記念大会が開催され、さらに二世や賛同者からなる台湾高座会青年部も発足し、神奈川県大和市を第二の故郷と呼ぶ台湾少年工のみなさんと日本の絆は、今も続いています。

神奈川県大和市上草柳、善徳寺の戦没台湾少年之慰霊碑（左）と、同市引地川公園の台湾亭（右）。

コラム

台湾人少年工

戦争が長引く中、徴兵によって不足した日本国内の労働力を補うため、昭和17年(1942)10月、台湾総督府を通じて台湾全島に少年工の募集が行われました。募集条件は、国民学校卒業者は三年間の学習と二年間の工場実習で甲種工業学校卒業者と認定、中学校卒業者は二年間の工場実習で高等工業学校卒業者と認定する、在勤中は給与支給、衣食住も提供するという好条件でした。これにより向学心に溢れた極めて優秀な少年たちが集まりました。

昭和18年(1943)5月、神奈川県高《こう》座《ざ》郡大和町の海軍航空技術廠相模野出張所(通称：空C廠)の工員として台湾から少年工が動員されてきました。昭和19年(1944)5月までの少年工の総数は約8,400名に及んでいます。上草柳《かみそうやぎ》には寄宿舎40棟が建てられました。空C廠は昭和19年4月、高座海軍工廠と改称しました。高座工廠では主に海軍局地戦闘機「雷電」が生産されました。また大和で技術実習を終えた少年工は横須賀海軍航空技術廠、土浦海軍航空廠、大村第二一空廠、三菱重工業名古屋航空機製作所、中島航空機製作所、川西航空機製作所など全国に派遣されています。

ほどなく日本が敗戦したことで、学校卒業資格の認定には至りませんでしたが、残された少年工は台湾省民自治会を結成し、整然と秩序を保ち、台湾に帰国していきました。そのことからも彼らの優秀さがわかります。残念ながら高座工廠や全国の工場で52名が戦死されていますが、平成11年(1999)までに靖国神社に合祀されています。

昭和38年(1963)11月、上草柳の善徳寺に、元高座海軍工廠海軍技手の早川金次によって、戦没台湾少年之慰霊碑が建立されました。また帰国した少年工たちは、留日台湾高座同学会聯誼会(通称・台湾高座会)を昭和58年(1983)に結成して、親睦を図ってきました。

平成5年(1993)6月9日には留日50周年を記念して、神奈川県大和市スポーツセンターで台湾高座会の記念大会が開催され、1,300人が来日、日本側の1,800人と合わせ、3,000人が参加しました。この大会をきっかけに、近くの引地川公園にあずまや「台湾亭」が建

高座工廠で生産された海軍局地戦闘機「雷電」。 写真提供：毎日新聞社

原住民観光団の軍隊参観

台北の歩兵第三聯隊を参観する原住民観光団一行。明治30年前後と思われる。

原住民観光団(阿緱・新竹・花蓮港・桃園・嘉義・南投)の各酋長。

原住民観光団一行の食事。

第十三章

日本統治の終了

名古屋港に接岸した復員船から次々に上陸する台湾からの
旧陸軍兵士。1946年４月14日撮影。 写真提供：毎日新聞社

明治28年（1895）6月17日、初代台湾総督樺山資紀が台北で始政式を挙行してから50年、昭和20年（1945）10月25日、台北市公会堂で中国戦区台湾省受降典礼が挙行され、日本の台湾統治は終わりました。

中国国民政府の台湾接収

台湾光復紀念（1次）

1947年発行。台湾地図と青天白日旗。

台湾光復紀念（2次）

1948年発行。台北市の中山堂

■日本人の引揚げ

昭和20年（1945）8月15日、日本はポツダム宣言を受諾、8月30日、重慶の国民政府は台湾省行政長官兼台湾警備総司令に陳儀《チンイー》を任命しました。10月17日、国民政府軍の第一陣が基隆港に入港します。「母国」の将兵を歓迎しようと集まった台湾人の目に映った国民党軍の姿は、鍋、釜、布団などを天秤棒でかつぐ姿で、服装も不揃いで敗残兵のようだったといいます。

10月25日、台北市公会堂（現・中山堂《ゾンシャンタン》）において、中国戦区台湾省受降典礼が挙行され、実質的に日本の台湾統治は終わりました。なお、日本政府の見解では、昭和27年（1952）に締結されたサンフランシスコ講和条約および日華平和条約によって、台湾に対する全ての権利、権原及び請求権を放棄しており、台湾の領土的な位置付けに関して独自の認定を行う立場にないとしています。つまり、昭和27年までは台湾は国際法的には日本領土で、その後の台湾の帰属に対して日本政府は関与しないということです。もちろん中華民国政府は、ポツダム宣言の受諾と10月25日の中国戦区台湾省受降典礼によって、台湾と澎湖に関する領土主権を中華民国が回復したという立場に立っています。

民国36年（1947）10月25日、中華民国は台湾光復紀念（第一次）として、台湾地図に青天白日旗が翻る記念切手2種を発行しています。翌年4月28日の第二次記念切手2種の図案は中山堂です（右）。

国民政府は帰国希望者、残留希望者にかかわらず、日僑（日本人）については、沖縄県人（琉僑）と技術支援などで留まらせる留用者を除き、全員日本への送還を決定、1945年12月から引揚げが開始されました。第一陣は第九師団、第二〇五海軍航空隊、海軍基隆防備隊でした。民間人より先になったのは集合が容易だったからでしょう。翌月からは民間人の引揚げもはじまり、4月には終了しています。官民合わせて約

46万人と記録されています。台湾からの引揚げについては、2008年に台湾で大ヒットした映画「海角七号 君想う、国境の南」(原題：海角七號《ハイジャオチーハオ》)にも描かれています。この作品は郵便物が大きなモチーフになっており、郵趣家には是非、観ていただきたい作品です。

図1は台北陸軍病院烏来《ウーライ》分院から差し出された葉書です。軍事郵便葉書が使われていますが、新北局の料金収納印が押されていて有料便です。大阪中央局の昭和21年(1946)2月1日の消印が押されています。戦後初期の台湾発の郵便物は大阪中央局が交換局となっていたようです。文面には「秋の収穫に忙しい」とあり、通称号(台第二一一三部隊)ではなく、固有部隊名で書かれていることを考えると、終戦後の昭和20年秋に書かれたものだと思われます。そのまま留め置かれ、昭和21年1月ごろに再開された郵便の交換により、大阪に運ばれたものです。

下部に押された金魚鉢のようなスタンプは、連合軍の郵便検閲機関である民間検閲局(C.C.D.)のもので、4という検閲官ナンバーは極めて若い番号です。正向きに押された姿から、大阪の第2地区検閲部で押されたものだと推定できます。

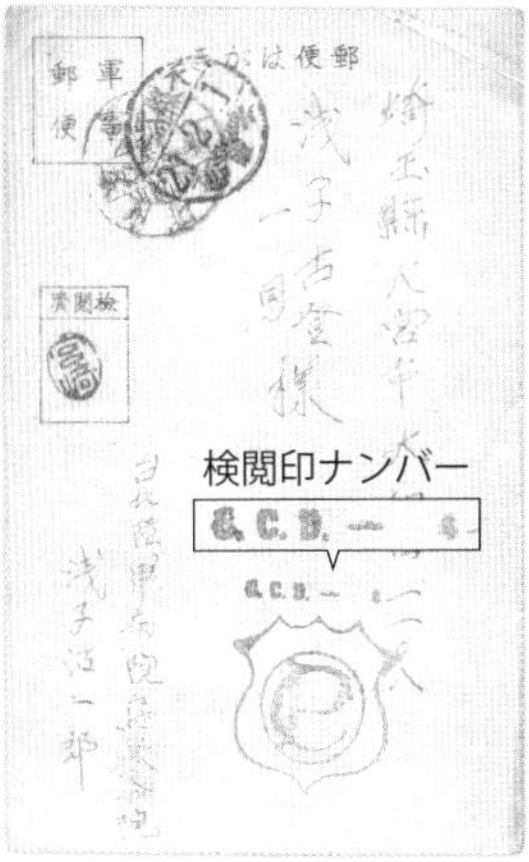

図1　終戦後の台湾からの検閲郵便
昭和21年2月1日、大阪中央郵便局の消印。下に台湾の新北局の料金収納印が押されている。

沖縄人(奄美出身者を含む)が残されたのは、蒋介石が沖縄の中華民国帰属を模索していたためという説があります。沖縄でも台湾に近い先島諸島の出身者は、密航船や先島諸島の自治体の手当の引揚船などで、5月にはほぼ帰国を完了しています。沖縄本島出身者は旧総督府を避難所にしていました。彼らの引揚げは1946年10月からはじまり、12月下旬に終了しました。

国民政府は台湾接収後、日本語の使用を禁止し、会社は公司、株式を股份、旅館を飯店、映画を電影など中国語に改め、町名も中国風に改称しました。五州三庁は台北、新竹、台中、台南、高雄、台東、花蓮港、澎湖の8県政府に、街、庄は郷、鎮に改組されました。

■台湾数字切手の発行

敗戦前の昭和20年(1945)7月、交通途絶により郵便切手の支給が止まることを想定して、通信院は朝鮮総督府逓信局長、台湾総督府交通局総長、関東逓信官署逓信局長、南洋庁交通部長に対し、各地方で自給印刷を考慮するように通牒しました。

台湾総督府は、通信院から送られた原画を台湾出版印刷株式会社に渡し、8月4日に3銭、5銭、10銭、40銭、50銭、1円の数字切手と昭和切手と同図案の5円と10円の印刷を発注しまし

た。このうち、10月21日に3銭と5銭、31日に10銭切手が発行されました（図2）。10月25日の台湾省受降典礼を受けて、11月3日には使用が禁止され、翌日から、この数字切手6種と30銭、5円、10円切手に「中華民国台湾省」と加刷された9種が発行されました（図3）。

図2　台湾数字切手（日本切手）
8額面が試刷されたが、実際に発行されたのは3銭、5銭、10銭の3種だった。

図3「中華民国台湾省」加刷切手（中国切手）
郵政業務を接収した中国が、日本の台湾数字切手に「中華民国台湾省」と加刷し、中国切手として使用。不発行分にも加刷し、左に示した3種のほか、全9種を発行。

図4は11月3日、日本郵政の最終日に作成されたもので、不発行に終わった5種も含まれています。不発行のものも含まれていることから、郵政関係者の作成したものだと思われます。

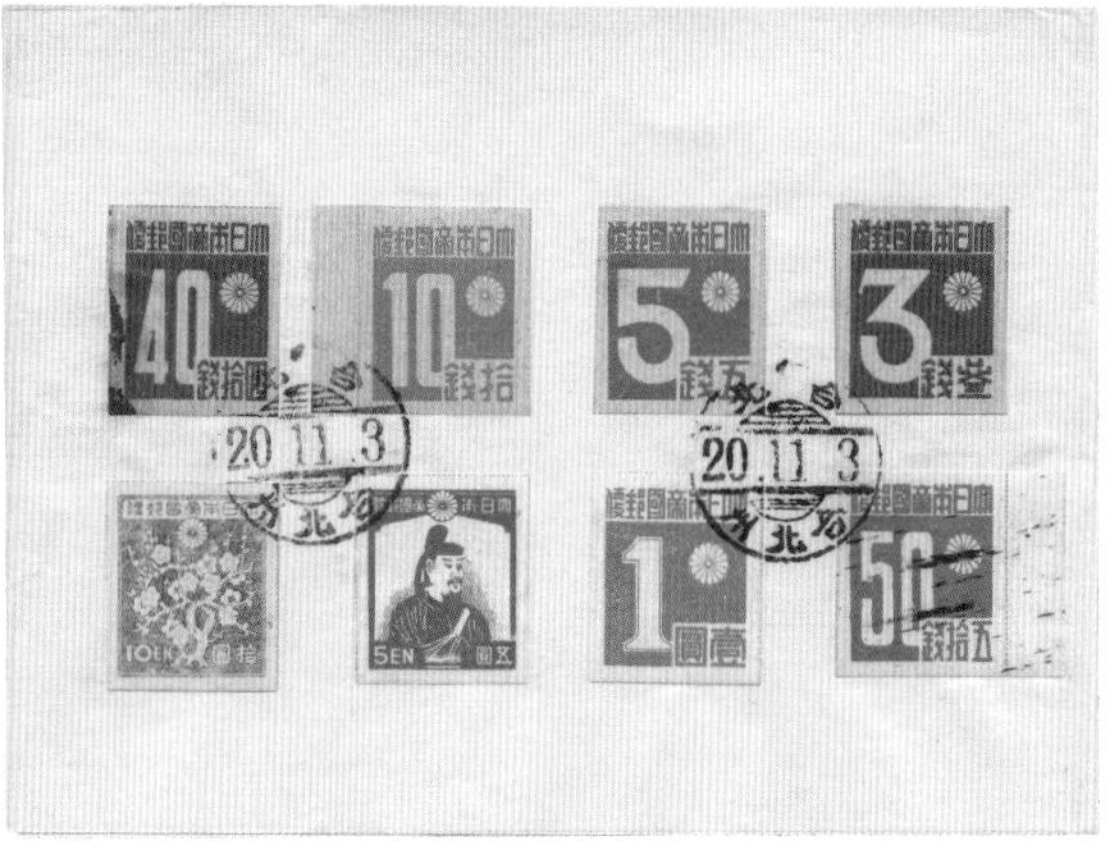

図4　日本郵政最終日の記念品
不発行の切手も含まれているので、郵政関係者が記念に作成したものだと推定できる。

図5は台湾数字切手10銭と昭和切手10銭3枚が貼られた封書で、11月6日に竹東局で引受けられた書留です。竹東局への加刷切手配給が遅れたため、日本切手の使用が例外的に認められたという珍しいものです。使用期間が10月21日から11月上旬までと短期間だったため、台湾数字切手の無加刷の使用例は、郵趣家が記念に作成した初日カバーなどを除くと稀少です。掛號ではなく、まだ日本式の書留と表示されています。**図6**は日本の逓信省宛ての葉書です。消印が読めませんが、1946年の使用でしょう。台湾省行政長官公署と民間検閲局の検閲印が押されています。C.C.D.Jという表示は検閲官が日本人であることを示します。差出人は日本人留用者です。**図7**は台南県關廟郷で、民国35年（1946）5月10日に引受られた封書です。

臨時加刷とはいえ、大日本帝国の文字が読める数字切手の使用は問題があったと思われ、民国35年6月6日には香港版烈士票と呼ばれる切手に限台湾省貼用と加刷された切手が発行されます。**図8**は内幸町の台湾残務整理事務所（旧台湾総督府出張所）宛ての葉書で

す。こちらにも台湾省行政長官公署と民間検閲局の検閲印が押されています。民間検閲局の検閲印は逆位置で、東京の第1地区検閲部で押されたものです。差出人は台湾総督府逓信部監理課に勤務していた河津朗活で、勤務先として郵電管理局報務科とあります。名宛人の森藤保次の名前は、昭和19年の職員録に台湾総督府逓信部総務課嘱託として掲載されています。

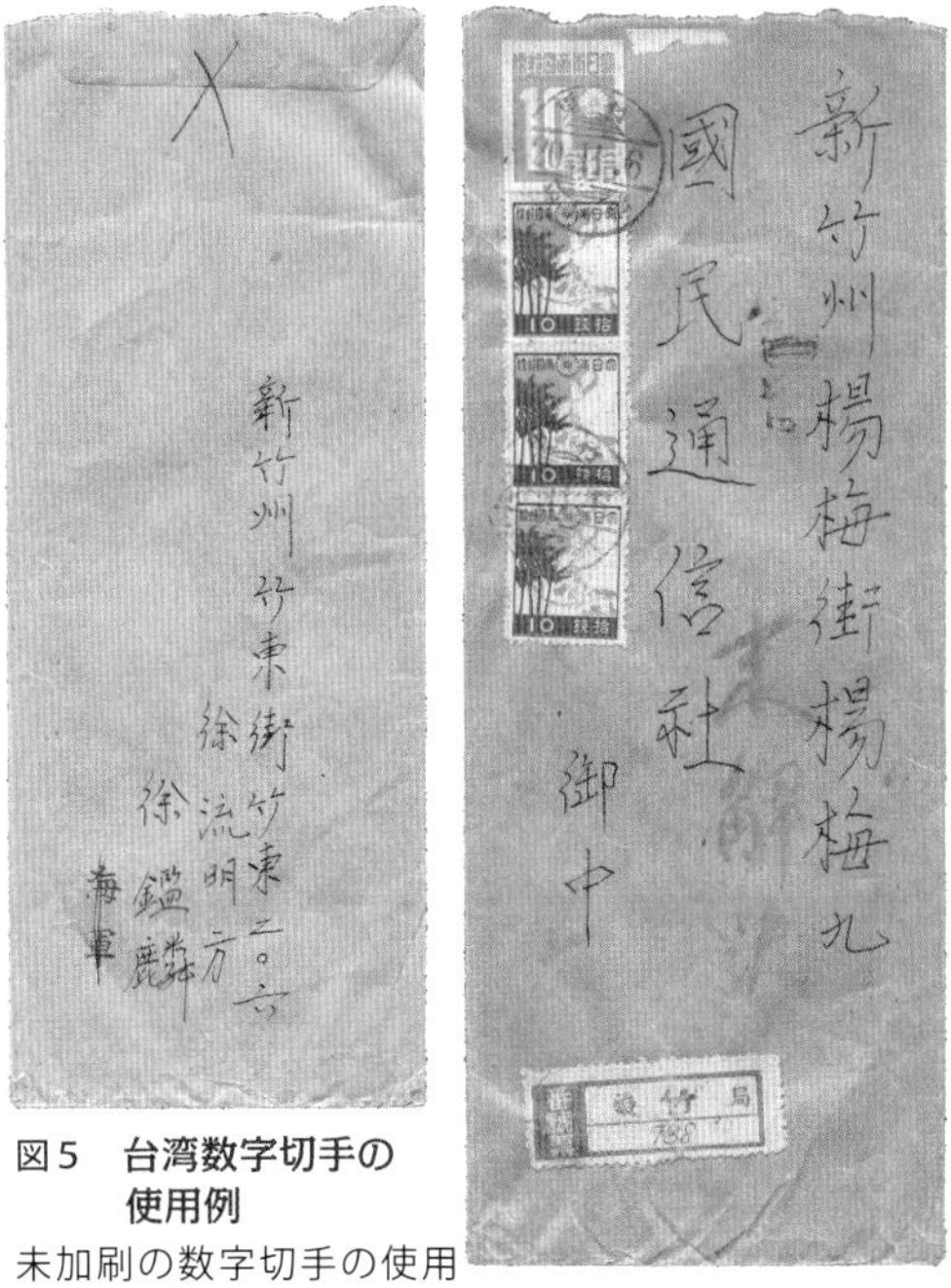

図5　台湾数字切手の使用例

未加刷の数字切手の使用例は稀少。下の切手3枚は大東亜共栄圏の地図を描く10銭切手。同額面異種貼。

図6　「中華民国台湾省」加刷切手貼付の葉書

台湾省行政長官公署と連合軍民間検閲局の両方で検閲を受けている。

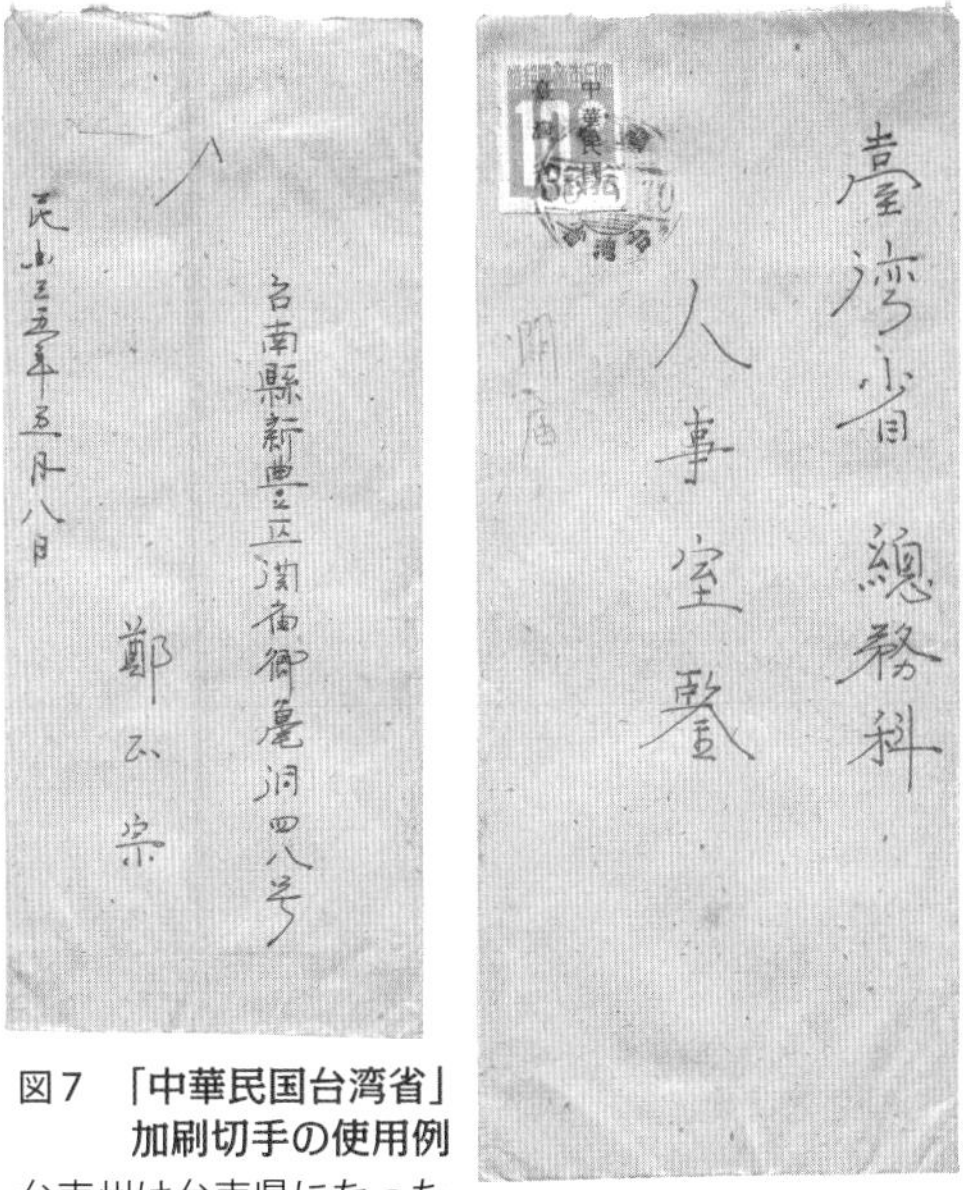

図7　「中華民国台湾省」加刷切手の使用例

台南州は台南県になった。
郵便印は民国年号とはなっているが、日本統治時代の消印の面影を残している。

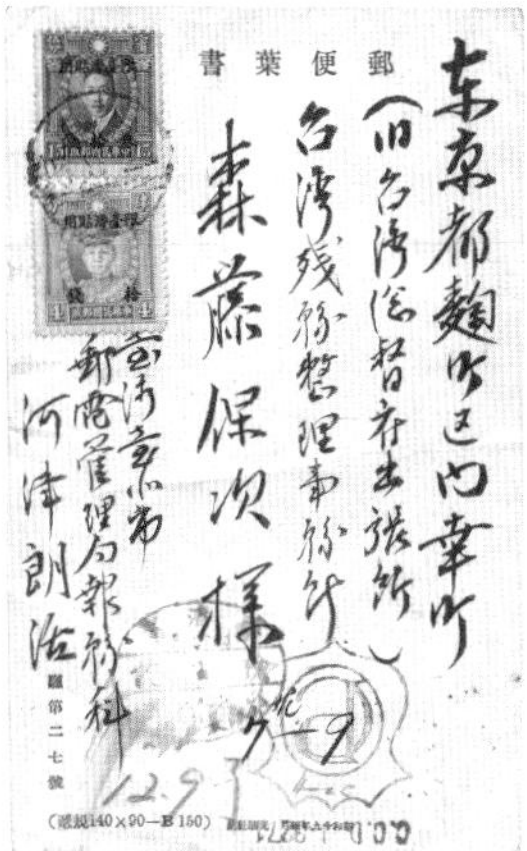

図8　「限台湾省貼用」加刷切手の葉書

上の葉書と同じ名宛人。統治に必要なスキルを持つ日本人は留用者として残された。

コラム

台湾民主化の父　李登輝

令和２年(2020) ７月30日、李登輝元中華民国総統が亡くなりました。日本の各メディアはその死亡を大きく扱いました。国交の無い台湾の元元首に対する報道としては破格の扱いでした。

保守系からリベラル系まで共通して高く評価していたのは、台湾政治を民主化した功績です。これまで中国国民党の下部組織だった軍事組織を政府の下部に置く改革をし、1996年に総統民選を導入し、中華民国史上初の民選総統に当選しています。台湾のリーダーを直接選ぶという改革は、のちに民主進歩党の陳水扁(2000年)、中国国民党の馬英九(2008年)、民主進歩党の蔡英文(2016年)という政権交代を実現させました。

李登輝元総統の功績は民主化だけではありません。特に日台双方の多くの人々に極めて親しい結びつきが生まれた背景には、日本統治時代に学んだ「日本精神《リップンチェンシン》」を基本とした生き様に影響を受けた人が多かったからではないでしょうか。日本精神とは日本統治時代の台湾人が学んだ「勇気」「誠実」「勤勉」「奉公」「自己犠牲」「責任感」「遵法」「清潔」といった精神で、台湾人が自らの誇りとしたものだと氏は書いています(「新・台湾の主張」)。日本では総統退任後の平成14年(2002)に日本李登輝友の会が誕生、日台運命共同体という理念の元に多くの会員が活動しています。

また日本語世代の人口が減少する中、台湾の若者の間で日本に親しみを覚える人が増えているのは、1996年に台湾の教科書を一新し、日本統治時代を含めて台湾の歴史を公平に教えるようになったことが大きく、さらに日本のエンタテイメントなど文化が浸透していることも影響しています。しかし、中年層で国民党の反日教育を受けた世代や、戦後、国民党と共に台湾に渡ってきた外省人家庭の一部など、日本に好ましくない感情を持った人々も存在しています。

台湾はその出自などによって多くのエスニックグループがあり、複雑です。ただ現在の台湾人の多数派は、台湾人としての誇りと自信を持ち、日本に親しみを持っているといっても良いでしょう。その要因を作った功績ももっと語られるべきだと思います。李元総統については、自身の著作や評伝も多く出版されています。ご興味のある方は是非、ご一読ください。

李登輝元総統。写真提供：日本李登輝友の会

主要参考文献

「台湾経世新報社編　台湾大年表(復刻版)」(緑蔭書房・1992)
「台湾総督府編　台湾日誌(復刻版)」(緑蔭書房・1992)
「台湾史小辞典　第三版」(呉密蔡監修、遠流台湾館編著、横澤泰夫日本語翻訳・中国書店・2016)
「別冊一億人の昭和史　日本植民地史３・台湾・南洋」(毎日新聞社・1978)
「古写真が語る台湾日本統治時代の50年　1895 ～ 1945」(片倉佳史・祥伝社・2015)
「台湾を築いた明治の日本人」(渡辺利夫・産経新聞出版・2020)
「一八九五――九四五　日本統治下の台湾」(浅野和生編著・展転社・2015)
「台湾　近い昔の旅　台北編　植民地時代をガイドする」(又吉盛清・凱風社・1996)
「後藤新平　日本の羅針盤となった男」(山岡淳一郎・草思社・2007)
「後藤新平伝　未来を見つめて生きた明治人」(星亮一・平凡社・2005)
「児玉源太郎　明治陸軍のリーダーシップ」(大澤博明・山川出版社・2014)
「寺内正毅宛明石元二郎書翰」(一般社団法人尚友倶楽部・2014)
「台湾 朝鮮 満州　日本植民地の真実」(黃文雄・扶桑社・2003)
「街道を行く　台湾紀行」(司馬遼太郎・朝日新聞社・1994)
「台北歴史地図散歩」(日本版)(中央研究院デジタル文化センター・2019)
「日本船内郵便印図録」(玉木淳一編纂・日本郵趣協会・2018)
「日本郵便印ハンドブック」(日本郵趣協会・2007)
「日本切手百科事典」(水原明窗編集代表・日本郵趣協会・1974)
「日本切手専門カタログ2006」(日本郵趣協会・2005)
「日本普通切手専門カタログVol 3 郵便史・郵便印編」(日本郵趣協会・2018)
「華郵集錦７　清末・民初の切手と郵便(上)」(水原明窗・1992・日本郵趣出版)
「鉄道兵の生い立ち」(長谷川三郎・1984・三交社)
「陸海軍将官人事総覧　陸軍篇」(外山操編・1981・芙蓉書房)
「陸海軍将官人事総覧　海軍篇」(外山操編・1981・芙蓉書房)
「台湾に残る日本鉄道遺産」(片倉佳史・2012・交通新聞社)
「台湾と日本を結ぶ鉄道史」(結解喜幸・2017・交通新聞社)
「植民地台湾と近代ツーリズム」(曽山毅・2003・青弓社)
「開拓鉄道に乗せたメッセージ－鉄道員副総裁 長谷川謹介の生涯」(中濱武彦・2016・冨山房インターナショナル)
「台湾と日本人」(松井嘉和編・2018・錦正社)
「日本統治時代の台湾」(陳柔縉・天野健太郎訳・2014・PHP研究所)
「帝国と学校」(駒込武／橋本伸也編・2007・昭和堂)
「日本植民地化の台湾先住民教育史」(北村嘉恵・2008・北海道大学出版会)
「日本統治時代の台湾美術教育」(楊孟哲・2006・同時代社)
「台湾物語　麗しの島の過去・現在・未来」(新井一二三・2019・筑摩書房)
「図説　台湾の歴史」(周婉窈・監訳 濱島敦俊・2007・平凡社)
「台湾高砂族の抗日蜂起－霧社事件」(向山寛夫・1999・中央経済研究所)
「観光コースでない台湾　歩いて見る歴史と風土」(片倉佳史・2005・高文研)
「台湾抗日運動史研究　増補版」(若林正丈・2001・研文出版)
「台湾の植民地統治」(山路勝彦・2004・日本図書センター)
「新渡戸稲造」(杉森久英・1991・読売新聞社)
「臺灣製糖株式會社社史」(1941・臺灣製糖東京出張所)
「明治製糖株式會社三十年史」(1936・明治製糖東京事務所)
「日本近代製糖業の父　台湾製糖初代社長　鈴木藤三郎」(地福進一、村松達雄・1909・二宮尊徳の会)
「日台の架け橋・百年ダムを造った男」(斎藤充功・2009・時事通信社)
「八田與一と鳥居信平－台湾にダムをつくった日本人技師－」(地福進一編・2017・二宮尊徳の会)
「アジア学叢書125　台湾林業史」(台湾総督府殖産局編・2004・大空社)
「稲の大東亜共栄圏　帝国日本の〈緑の革命〉」(藤原辰史・2012・吉川弘文館)
「日本人、台湾を拓く。許文龍氏と胸像の物語」(2013・まどか出版)
「台湾統治概要」(台湾総督府編・1973・原書房)
「近代アジアと台湾　台湾茶業の歴史的展開」(河原林直人・2003・世界思想社)
「民間総督　三好徳三郎と辻利茶舗」(波形昭一・2002・日本図書センター)
「日本外地銀行史資料第一巻(台湾銀行十年志／台湾銀行二十年誌)」(広瀬順晧編・2002・クレス出版)
「臺灣銀行四十年誌」(1939・臺灣銀行)
「臺灣銀行史」(1964・台湾銀行史編纂室)
「臺灣電力の展望」(1939・臺灣電力)
「後発工業国の経済発展と電力事業－台湾電力の発展と工業化－」(北波道子・2003・晃洋書房)
「在台日本人商工業者の日月潭発電所建設運動」(清水美里・2012・日本台湾学会報第14号)
「台湾拓殖会社とその時代」(三日月直之・1993・葦書房)
「台湾拓殖株式会社研究所説―国策会社の興亡－」(森田明／朝元照雄編訳・2017・汲古書院)
「台湾拓殖株式会社の東台湾経営－国策会社と植民地の改造－」(林玉茹・2012・汲古書院)
「臺灣拓殖株式会社概要」(1939・臺灣拓殖)
「帝国陸軍編制総覧」第一巻～第三巻(外山操・森松俊夫・1993・芙蓉書房出版)
「日本陸海軍の制度・組織・人事」(日本近代史料研究会編・1971・東京大学出版会)
「野戦郵便局のロケーティング」(鈴木孝雄・1975・日本郵趣出版)
「太平洋戦争における日本海軍の郵便用區別符」(大西二郎・2003・軍事郵便資料研究会)
「日本海軍編制事典」(坂本正器・福川秀樹・2003・芙蓉書房出版)
「日本記念絵葉書総図鑑」(島田健造・1985・日本郵趣出版)
「台湾・南洋郵便資料」(1980・日本郵趣出版)
「切手研究」別刷(戦前航空郵便)(1982・切手研究会)
「航空郵便のあゆみ」(笹尾寛・1998・郵研社)
「郵趣モノグラフ11　日本の航空郵便」(成田弘・2000・日本郵趣協会)
「忠烈抜群・台湾高砂義勇兵の奮戦」(土橋和典・1994・戦誌刊行会)
「証言 台湾高砂義勇隊」(林えいだい・1998・草風館)
「日本軍ゲリラ 台湾高砂義勇隊」(菊池一隆・2018・平凡社)
「台湾少年工と第二の故郷」(野口毅・1999・展転社)
「二つの祖国を生きた台湾少年工」(石川公弘・2013・並木書房)
「沖縄処分　台湾引揚者の悲哀」(津田邦宏・2019・高文研)
「大日本帝国郵便始末」(篠原宏・1980・日本郵趣出版)
「新・台湾の主張」(李登輝・2015・ＰＨＰ研究所)
「李登輝より日本へ贈る言葉」(李登輝・2014・ウェッジ)
「李登輝実録－台湾民主化への蒋経国との対話」(李登輝・2006・扶桑社)
「李登輝秘録」(河崎眞澄・2020・産経新聞出版)

台湾出版の参考文献

「台灣日據初期之軍事郵便」(孔繁謀・私家版・2001)
「郵史研究」第十八期、第十九期(海峡両岸郵史研究會・1999～2000)
「環球華郵研究」第三期(環球華郵研究會・2017)
「茶苦來山人の逸話　三好德三郎的臺灣記憶」(2015・中央研究院臺灣史研究所)

あとがき

平成８年（1996）以来、20回近く台湾を訪れています。澎湖、金門、馬祖、小琉球、鹿港、内湾、恒春、美濃、霧社、埔里、蘇澳、宜蘭など、各地で親切にしていただいたことを今も思い出します。特に日本語世代の年配の方は、親しげに話しかけてくださいました。この本が日本統治を経験した台湾が親日国であることの秘密を、少しでも解き明かせるようなきっかけになれば幸いです。

著者プロフィール

玉木淳一
（たまき・じゅんいち）

1956年12月5日 横浜市磯子区生まれ。1979年3月 明治大学文学部史学地理学科日本史学専攻卒業。1983年 切手収集を開始と同時に日本郵趣協会に入会。協会では広報委員、JAPEX委員、スタンプショウ委員、本部評議員、横浜第一支部長、東京地方本部理事等を歴任。1994年第14回郵趣活動賞受賞。2001年 本部理事に就任。2009年副理事長に就任。2017年～ 理事、出版委員長に就任。同年、切手の博物館（現・水原フィラテリー財団）理事に就任。
主な編著書籍：『「日専」を読み解くシリーズ 軍事郵便』（日本郵趣協会、2005年）、『日本軍事郵便史 1894-1921』（日本郵趣協会、2014年）。
軍事郵便を中心に収集。全国切手展〈JAPEX'03〉に「日本軍事郵便史」を出品、大金賞／グランプリを受賞。国際切手展には香港（2004）、台北（2005）、バンコク（2007）で金銀賞、ソウル（2009）、横浜（2011）、ジャカルタ（2012）、シャルジャー（2012）で大金銀賞、バンコク（2013）で金賞を受賞。

※本書は公益財団法人 日本郵趣協会が2020年11月に開催した全国切手展JAPEX2020の企画展示「台湾切手展」の展示物を中心に構成を行っており、JAPEX記念出版を兼ねています。

切手ビジュアルヒストリー・シリーズ

郵便が語る 台湾の日本時代50年史

2021年2月20日　第1版第1刷発行

著　者　玉木淳一
発　行　株式会社 日本郵趣出版
〒171-0031 東京都豊島区目白1-4-23 切手の博物館4階
電話 03-5951-3406（編集部直通）
発売元　株式会社 郵趣サービス社
〒168-8081 東京都杉並区上高井戸3-1-9
電話 03-3304-0111（代表）　FAX 03-3304-1770
https://www.stamaga.net/
制　作　株式会社 日本郵趣出版
編　集　平林健史
装　幀　三浦久美子
資料協力　秋吉誠二郎　生田　誠　池田駿介　岩崎善太　植村　峻　江戸ネット
相馬達彦　原田昌幸　濱谷彰彦　福井和雄　藤井堂太　森下幹夫
切手の博物館　郵政博物館　国立台湾博物館
国立台湾歴史博物館 典蔵網 COLLECTIONS
通信文読解　近辻喜一
監　修　公益財団法人 日本郵趣協会
印刷・製本　シナノ印刷株式会社

令和3年1月20日　郵模第2904号

ISBN978-4-88963-852-3

＊本書のデータは2021年1月現在のものです。